阅读成就思想……

Read to Achieve

CREATIVE STRATEGY

A Guide for Innovation

哥伦比亚大学创新思维课

[美] 威廉·达根（William Duggan）／著　宁峰／译

中国人民大学出版社
· 北京 ·

图书在版编目（CIP）数据

哥伦比亚大学创新思维课 / （美）威廉·达根（William Duggan）著 ；宁峰译. -- 北京 ：中国人民大学出版社，2021.5
ISBN 978-7-300-29198-7

Ⅰ. ①哥… Ⅱ. ①威… ②宁… Ⅲ. ①高等学校－创造性思维－教育研究－美国 Ⅳ. ①B804.4

中国版本图书馆CIP数据核字(2021)第055115号

哥伦比亚大学创新思维课

［美］威廉·达根（William Duggan） 著

宁峰 译

Gelun biya Daxue Chuangxin Siweike

出版发行	中国人民大学出版社		
社　　址	北京中关村大街 31 号	**邮政编码**	100080
电　　话	010-62511242（总编室）		010-62511770（质管部）
	010-82501766（邮购部）		010-62514148（门市部）
	010-62515195（发行公司）		010-62515275（盗版举报）
网　　址	http://www.crup.com.cn		
经　　销	新华书店		
印　　刷	北京联兴盛业印刷股份有限公司		
规　　格	148mm×210mm　32 开本	**版　　次**	2021 年 5 月第 1 版
印　　张	6.875　插页 2	**印　　次**	2021 年 5 月第 1 次印刷
字　　数	139 000	**定　　价**	65.00 元

CREATIVE STRATEGY

A Guide for Innovation

目录

第二部分　来自外部的创造性战略

第三部分　创造性战略总览

CREATIVE STRATEGY

A Guide for Innovation

引言

本书是一本关于创新创意的实用指南。书中的创新理念立足于现代神经科学、古典军事战略和亚洲的哲学思想，在商业及其他领域的无数创新改革案例中发挥着重要的作用。在过去10年中，我曾在一系列书籍和文章中阐述过这一理念，也曾在哥伦比亚大学商学院和世界各地的公司课程中，向成千上万的研究生和管理人员传授过这个理念。本书介绍了一种将该理念付诸实践的方法。这种方法适用于任何想要创新的人，它不要求创新者事先接受过商业、经济或其他任何领域的高级培训，但要求创新者最好能够对自己的想法充满热情，并且渴望用书中的方法来实现个人价值，获得职业成功。这种方法不仅适用于个人，也适用于团队，甚至是整个组织。

我将这一理念的相关知识汇集到了这本书中。本书解决的创新问题，不仅仅涉及新产品设计，还涉及从公司、部门、团队以及个人等不同层面为战略提出富有创意的想法。因此，书中所讲的方法适用于企业、政府机构、非营利组织以及个人。诚然，我们身边不乏各式各样的战略，但是从某种程度上来讲，我们需要的是有创意的想法，因为我们周围的世界总是在不断地变化着，未来永远不会和过去完全一样。所以，我们只有不断地调整战略，才能跟上时代的步伐。但是，我们到底应该怎么做呢？

有两套传统方法宣称可以帮助人们想出创意十足的战略：一套是战略法，一套是创造力法。实际上，这两套传统方法根本解决不了这个问题。战略法可以告诉你如何分析战略形势，但也仅此而已，它不会告诉你下一步该怎么办、该如何想出有创意的想法。创造力法则告诉你如何想出很多有创意的点子，但是它并没有将这些点子与你的战略建立起联系。所以，如果要采用这两套传统的方法，那你首先要做大量的战略分析，然后抛开这些分析去进行头脑风暴，让这两套方法之间完全脱节，毫无联系。

先做形式化分析，再进行头脑风暴，这是很常见的顺序，它源于一个很古老的大脑运作原理。大家可能已经听说过这个原理了，即左脑主分析，右脑主创新。根据这个原理，人们先用左脑做分析，然后让右脑进行创新。然而，这并不是大脑真正的运作方式。过去 10 年里，神经科学已经推翻了这个老旧的大脑运作模式。如今我们已经明白，分析能力和创新能力并不是分属左右脑的两种不同的功能。在新的模式下，即新的学习和记忆模式下，分析能力和创新能力在人的思维中是同时起作用的。缺少其中任何一个，我们都无法进行思考。

关于学习和记忆的认知神经科学的最新发现最终揭示了那些创造性想法在大脑中是如何形成的。在你自己做了某件事或者了解到别人做过什么事后，那些细节就会存入你的记忆中。当你面对一件新的事情时，大脑就会把这件事情分解成碎片，然后在你的大脑中寻找与各个碎片相对应的记忆。之后由相关的记忆碎片形成一个新的组合。虽然这个组合是新的，但构成组合的元素却是旧的。分解、搜索和组合这三个步骤，与传统的先做形式化分析后进行头脑风暴的步骤截然不同。创造性战略把现在的学习和记忆三步骤变成了符合人脑实际运作的实用方法。

本书的第一部分为创造性战略的实践提供了循序渐进的指导。这一部分首先通过一幅导图介绍了大脑是如何将有创意的点子整合到一起的，然后阐述了如何将其转化为正式的创新方法。在这一部分，你将发现，创造性战略的每一个步骤在关键部分都与传统的战略法、创造力法和创新法有很大的不同。对于它们的不同之处，我在文中给出了详尽的解释，以便大家更加清楚这几种方法间的区别。

第二部分对这些传统方法进行了更深入的研究，以帮助你改进或摒弃这些传统方法，从而有机会运用创造性战略。例如，你现在可能在使用波特五力模型、蓝海战略、六顶思考帽、平衡计分卡、设计思维或六西格玛设计等方法进行各种头脑风暴。你的目标是让这些方法与创造性战略共同发挥作用，而不是针锋相对，第二部分将会告诉你该如何去做。

第三部分根据你的兴趣或需要为你提供了各种各样可以参考的背景资料。这部分对创造性战略的方法做了简要的总结，并且回顾了本书主要思想的重要来源。事实证明，我使用创造性战略这一方法创造了创造性战略。这一部分给出了构成新组合的想法的来源。

当你翻看这本书时，首先，请试着用“初学者心态”来看待创造性战略，因为这本书涉及了哲学，而哲学本身就是创造性战略的关键来源。其次，请试着清除你脑海中的其他方法，让你的大脑有足够的空间去思考本书中提到的新理念。最后，当读完全书时，你至少应该做出决定，即是将这本书扔掉还是尝试运用其中的方法。当然，如果你已经读到这里了，那么我希望你能给本书一个机会。

第一部分

源于内部的创造性战略

本书的第一部分将带你深入了解创造性战略的方法，并向你逐步展示如何使用创造性战略来解决各种创新问题。最终，你将会成为该领域的行家——你会明白创造性战略是如何运作的，是什么在驱动它运作，支持它运作的因素是什么，等等。

创造性战略的每个步骤都有其自身的复杂性，它需要创新者掌握不同的技能。在此，我给出了一个简化的版本，它不适用于任何情况下，但在某种程度上，它又确实适用于各种情况。当你面对一个你想不到解决方法的难题时，你需要的是创新，但是你可能没有意识到这就是你需要的。你之所以被公司聘用就是因为公司认为，当面对难题时，你知道解决方案。承认自己无法给出解决方案有点困难，但是承认自己需要创新却比较简单。

通常，人们的规划方法往往掩盖了其创新的需求。你为市场营销、运营管理、产品开发或整体战略制定了目标、计划和时间表。你知道如何规划，这就是你要做的。但是，对于你设定的每一个目标，每一次行动，都可能存在一个更完美的目标或行动来取而代之，只是这些更完美的目标或行动超越了你的掌控范围，需要通过创新才能实现，而你还没有发现这一点。创造性战略可以帮助你发现它。

第 1 章

从思维到方法

这一章为大家介绍人类的思维是如何为新的问题创造出解决方案的，然后将这种思维方式转换成一系列正式的步骤。个人或团体可以通过这些步骤进行各种形式的创新，我把这种思维方式叫作“战略直觉”。我在上一本书《战略直觉》（*Strategic Institute*）中详尽解释过这一思维方式。“创造性战略”就是一系列运用战略直觉的正式步骤。

战略直觉

首先，我们必须回顾一下最近精神科学史上的三个关键的里程碑事件。第一个发生在 1981 年，当时，罗杰·斯佩里（Roger Sperry）凭借其对大脑半球的研究贡献而获得了诺贝尔生理学和医学奖。斯佩里从实验中得出的结论是，大脑的一侧偏理性，擅长分析，但缺乏想象力；而大脑的另一侧富有创造性，偏直觉，但却缺乏理性。这一结论与更古老的观点“人类思维有时是理性的，有时是非理性的”相吻合。斯佩里将这两种思维定位于大脑的两个不同的部位。

在某种程度上，传统的创新观点与人类大脑的双重模式完全相符。它们都包含一些“硬 / 软”机制，例如演绎与归纳推理、分析能力与创新能力、艺术与科学、批判性思维与直觉、逻辑与感觉，等等。有人还为此增加了迭代：先分析，再创新，然后再分析，再创新，如此循环运作。

然而，第二个关键里程碑颠覆了这一双重思维模式。在 20 世纪 90 年代早期，小川诚二（Seiji Ogawa）提出磁共振成像（MRI）能够显示思维在人类大脑中产生的过程。由于这一科研贡献，小川诚二曾多年入选诺贝尔奖的候选名单。他的研究成果让科学家们明白了不同的智力任务应通过大脑的哪些相应部位才能完成。小川诚二的第一个磁共振成像就已明确表明，并不存在两种思维方式在大脑的两个不同部位同时运作的情况。虽然小川诚二的研究推翻了斯佩里的双重模式，但科学家们又花了 10 年时间才找到新的大脑模型。

第三个里程碑是在 2000 年，当时埃里克·坎德尔（Eric Kandel）凭借他在这个新模型上的研究成果，获得了与斯佩里相同的诺贝尔奖。坎德尔发现的新模型是“学习和记忆模型”。在这一模型下，整个大脑通过感觉和分析来接受并存储信息，通过有意识和无意识的搜索和组合来获取信息。在这个模型中，分析和直觉并不是分属于两个不同部位的思维，而是两个关键的输入，它们进入大脑，形成了一个单一的、贯穿于整个大脑的思维模式。有些人认为在人的思维中，分析占的比重多一些，有些人则认为直觉占比更多一些。不管哪个多哪个少，这两者对人的思维而言都是必不可少的。

对于创新的运作方式，学习和记忆模型给出了与前两种模型完全不同的解释。我们从分析入手，谈谈有哪些不同。我们经常说分析是一个理性的、合乎逻辑的过程，但除了在数学方面外，分析绝对无法做到纯粹。我们可以把数字 20 分成 10 和 2 相乘，或 5 和 4 相乘。数学是一个封闭的系统，所以我们肯定这样做是对的，因为这是合乎逻辑的。现在让我们来分析一些非纯数学的东西，例如，过去 10 年里贵公司或组织的绩效情况。这个分析中包含了什么，又遗漏了什么？例如，关于天气，我们是否应该收集有关温度的数据并绘制成图，将其与衡量单位绩效的数据进行对比？如果我说是，你说否，那么谁对谁错？我们衡量单位绩效的标准是什么？你是否与我有不同的意见？如果有，那么到底谁的才是正确的？

这些问题都没有合乎逻辑的答案。在任何情况下，我们都尽力做出有根据的猜测。你有你的判断，我有我的判断。一旦我们意见相左，就会采用“合乎逻辑”的观点，但这并不意味着我们的理性猜测是通过逻辑推理得出的。当然，不管我们说什么，我们的争论都无法完全合乎逻辑。那么我们这些有根据的猜测是怎么来的？为什么我说应该收集天气数据，而你却说不需要？如果不是出于逻辑，那又是什么呢？

学习和记忆模型为我们提供了一个线索。在我们各自的记忆中，你和我存有不同的信息，这些信息是我们通过学习不同的东西获得的。因此，在面对同样的问题——过去10年贵公司或组织的绩效，我们提取了各自承载着不同信息的记忆。对这个问题，我们以两种截然不同的方式进行分析："专家直觉"和"战略直觉"，这两者是大脑将记忆应用于当前和未来情况时所采用的两种主要方式。

那我们就从专家直觉开始吧。1978年，赫伯特·西蒙（Herbert Simon）获得了诺贝尔经济学奖，部分是由于他对专家思考方式的研究。20世纪90年代，加里·克莱因（Gary Klein）实地考察了专家行为，比如消防员、急诊室护士和战士。在过去10年里，专家直觉已经成为一个重要的研究领域。最近，马尔科姆·格拉德威尔（Malcolm Gladwell）在其畅销书《眨眼之间：不假思索的决断力》（*Blink：Power of Thinking without Thinking*）中总结了这项研究。

我们现在明白了专家直觉是面对与之前情况类似的问题时，从直接经验中快速回忆并将回忆起的经验运用于实际行动中。经验越多，专家直觉就越快越准。因此，有经验的护士只是在路过急诊室门口时瞥了一眼里面的孩子，就会立刻冲过去拯救这个孩子的生命。她是怎么做到的？就是因为她注意到了此刻孩子出现了之前犯病时才会有的神情或坐姿等症状。专家直觉的反应速度极快，所以专家们很少能解释他们是如何做到的，但克莱因发明了一种采访法，这种方法能让专家们准确地说出他们从之前的经验中想起了什么。

我们每天都在各种技能和任务中开发并使用专家直觉，许多专业培训也增强了我们的专家直觉。但专家直觉可能是创新的绊脚石，因为一旦我们习惯于利用专家直觉后，当我们看到新情况时，出于惯性，我们依然会利用专家直觉快速找到新情况中我们较为熟悉的部分，然后根据我们的经验采取相应的行动。但如果新情况与我们之前的经历完全不同，我们必定会犯下巨大的错误。专家直觉不能解决新情况下的战略性或创造性问题。例如，如果这位护士所在的急诊室环境又脏又挤，也赚不到钱，而她又从来没有经历过这种情况，那会怎么样？那样的话，她就无法像前文所说的那样路过急诊室并回忆起她过去的经验。在那种情况下，专家直觉是行不通的。

此时，她需要的是战略直觉。这是一种特殊的学习与记忆模型，它在研究思维如何让创意形成的科学领域以及成功战略的实证案例中都有着很深的根源。在这种模型下，大脑从记忆中选择一组元素，将它们以一种新的方式组合起来，并将新组合在未来转化为后续行动。战略直觉通常是头脑放松时闪现的一种或一系列灵感。记忆中的那些元素既包含直接经验，也包括通过阅读或耳濡目染积累的经验。

既然我们了解了学习和记忆是如何产生新思维的，那么我们就可以借鉴一些经典案例，来学习其中与战略直觉有关的元素，特别是《孙子兵法》和卡尔·冯·克劳塞维茨（Carl von Clausewitz）的《战争论》（*On War*）这两本书。现代大脑研究表明，《孙子兵法》中所蕴含的哲学思想能促使人产生灵感。现代的亚洲武术包含着与“道”相类似的精神内涵，比如，柔道、合气道、跆拳道等。而克劳塞维茨则提出了在任何领域进行创新应该具备的四个关键的战略直觉，即历史先例、思维沉淀、灵感闪现和决定。

克劳塞维茨的这四个步骤为我们构建了一座从战略直觉科学到创造性战略方法的有效桥梁。这些步骤至少在一定程度上帮助我们了解了如何有意识地利用无意识的学习和记忆。接下来，让我们逐一对这四个步骤进行分析，看看它们是如何帮助我们的。

第一步：历史先例。我们常会学习其他人在其所处的环境下获得成功的方法，并存于记忆中，以便日后遇到类似的情况时及时想起。这是很自然的事情，因为我们都是人。我们在生活中自然而然地学会了很多东西，从走路、说话、运动到算数。当然，我们也可以通过自主学习更主动地学习更多的东西。我们以克劳塞维茨书中的主要人物拿破仑为例。通过研究拿破仑所说的“伟大的船长们”的“83 个战役”，我们能够看出，拿破仑有大量的元素可以在任何新情况下进行组合使用。

第二步：思维沉淀。这一步与《孙子兵法》的哲学思想和亚洲武术精神十分相近。你必须放下心中所有的期望。克劳塞维茨说，人们“期待意想不到的事情”，由此可见，做到放下期待其实是非常困难的。思维沉淀有两个最大的障碍：一是过度专注；一是负面情绪。过度专注意味着你不能放下当下你对问题的看法、你的目标、你的时间表、你已经列出的选项，等等。但是你只有解放你的大脑，才能让大脑建立起新的联系。而各种各样的负面情绪，如愤怒、沮丧、担忧、恐惧等，则会刺激大脑产生皮质醇，阻碍回忆。在这种情况下，你根本无法进行创造性的思考。

第三步：灵感闪现。现代大脑科学表明，思维沉淀有利于促进灵感闪现或顿悟。在你头脑清晰时，你会从记忆中选取了一些元素加以组合，并用一种新的方式展示随后要采取的行动。这个结果将会是一个战略，但并不完整，它只是一些给你指明了方向的关键性元素。这可能是一次重大的顿悟，就像阿基米德在浴缸里欢呼的"尤里卡[①]!"一样，或者是一系列小到你几乎察觉不出来的离散的认知事件。但心理机制对于大小顿悟都是一样的。

第四步："决定"，即决心、决定和意志。灵感闪现会激发人的信念，即便面对无数的艰难险阻，你依然坚信，你的选择是正确的，尤其是与你周围没有信念的人相比，你对自己的信念坚贞不渝。当然，我们很难将对好主意的坚定不移与对坏主意的执迷不悟区分开来，但我们可以借鉴史上先例加以判断。如果促进灵感闪现的这些例子是可靠的，而且总的来说这些例子涵盖了新形势，那么这很可能是一个好主意。

我们现在来看看创新是如何真正发挥作用的。让我们回到过去 10 年中贵公司绩效的问题。你可以进行对比，并从记忆中提取一组

① 尤里卡，原是古希腊语，意思是：我知道了！我发现了！

在与之类似的情况下采取的措施和产生的数据。如果你很快就能找出它们的相似之处，那么你凭借的是自己的直接经验，也就是专家直觉。如果你需要比较长的时间，并且是从你所知道的情况中吸取经验，而不是来自你的直接经验，那就是战略直觉。在实践中，你通常会同时从两者中提取经验，而不区分哪个是哪个。但你做出决定的决心——你有多坚持自己的论点，你就有多坚信自己的想法，取决于这些相似之处对你的影响有多大，不管你是否意识到这些相似之处并能够向其他人解释它们。

仅仅通过专家直觉了解贵公司过去 10 年里的绩效情况，我想世界上任何人都不太可能有足够的直接经验。专家直觉无法满足“战略”层面的情况。对于这种情况，你需要通过战略直觉来找到相应的解决办法。如果你面临的情况可以依靠你的直接经验来应对，那它就是一个“战术”层面的问题。在这种情况下，运用专家直觉就足够了。由此可见，战略直觉是一种创新的方法，通过寻找与自身经验相似或互补的元素，将它们恰当地进行组合来应对新的情况。

同样，学习和记忆也适用于了解你自身的处境，它可以帮助你在面对当下情况时，就应该采取什么样的行动做出决定。准确地说，是多种元素在你的脑海中汇聚形成了一个想法。我们同样可以对专家直觉和战略直觉进行区分：你的想法中的元素是来自你自己的经验（专家直觉）还是来自其他方面的经验（战略直觉）？在未来，贵公司应该采取什么样的行动，这显然是一个战略问题，没有人有足够的直接经验给出一个完美的答案。专家直觉在这个问题上是行不通的，你需要的是战略直觉。

创造性战略

在通常的实践中，创新者很少意识到历史上那些能够弥补他们洞察力的经典范例。但在团队中，让自己成为鲜明的范例则是极其有益的。因此，正如《战争论》中所说的，拿破仑一旦掌权就不必解释他的灵感闪现。在现代组织中同样如此。这个问题的解决办法就是将克劳塞维茨的四个步骤转化成更正式的、适用于团队的创新方法，即“创造性战略”。你可以借助这个系统的方法，运用战略直觉找到战略问题的创造性解决方案。

本章的其余部分总结了创造性战略的使用方法，并阐述了创造性战略是如何遵照克劳塞维茨提出的四大要素被制定出来的。我们在后面几章中将详细讨论这个方法的步骤。

创造性战略的使用分三个阶段，对应三个不同的来源：国际经济发展的“快速评估”、社会政策研究的“有效范例搜索”以及 20 世纪 90 年代末通用电气（GE）公司企业大学的“创意组合”。总之，这三个来源为我们提供了一个针对团队的方法，这种方法适用于在使用战略直觉时产生灵感的大脑。

创造性战略的这三个阶段——快速评估、有效范例搜索和创意组合通过“洞察矩阵”将在快速评估和有效范例搜索步骤发现的史上先例汇总起来。图 1–1 显示了开始之前的基本矩阵框架。在矩阵的顶端，团队成员写下了团队当前了解到的情况或问题，但这只能作为临时草案，因为当你着手解决问题时，问题可能会发生改变。这种改变在创新过程中很常见：有时在夜晚或淋浴时，你可能会突然顿悟，意识到这个问题实际上与你最初想的完全不同。

一旦你对问题有了初步认识，接下来就该将问题分解成一个个小碎片来进行分析。你也可以将这些小问题罗列在草案中，因为它们有可能随着你的分析进展而改变。我们把这些碎片化的问题称为“元素”，就像化合物中的元素一样，不同的化合物是由不同结构的元素组成的。本书中提到的术语“元素”就是来自化合物，你可以将一个化合物分解成一个个元素。

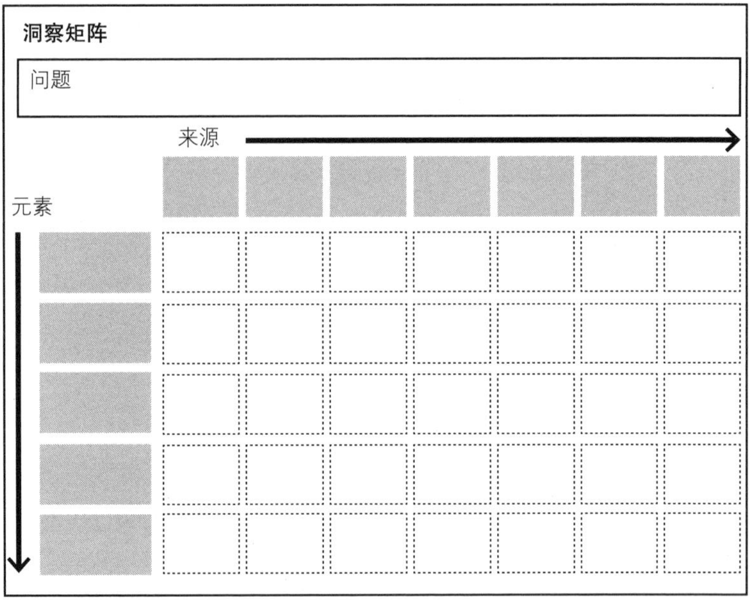

图 1–1　洞察矩阵

对于创造性战略的前两个部分：问题陈述和问题元素，不需要花费太多的时间，但是你必须把它们做好，而且要和合适的人一起做，这就是快速评估的由来。它是一套迭代式的访问和研究，可用于洞察复杂的问题。被访问者必须包括领导者，因为他们将最终决定进行什么样的创新以及谁来带领大家进行创新。这里所说的领导者有时是同一个人，有时是两个人，有时甚至更多。在复杂的情形和组织中，你必须经常进行一轮快速的访问，以便找出那些带头人。如果你在进程中改变了问题及其元素，那你必须反馈给那个关键的团队以获得他们的理解和支持，甚至你可能会因访问焦点的转移而加入团队。

接下来，你就进入创造性战略的第二个阶段——有效范例搜索。你提出了一个对这个阶段至关重要的问题，而这个问题的答案几乎可以解决任何问题：世界上有谁能够在任何一个难题上都取得进展？将来源填入图1–1中矩阵最顶部的那一行，然后在这些来源中搜索这个问题的答案。你的这个列表依然只是一个草案，因为你可能在搜索进程中添加或删除来源。一旦你在列表上列出了来源，团队成员就开始了寻宝活动，也就是有效范例搜索。你在来源中搜索的“史上先例”，可能适用于问题列表中的每个元素。历史上的每一个先例在你发现它之前，可能是任何事件：一个世纪前发生的事情、今天早上发生的事情都属于史上先例。

我们将过去发生的事件称为“先例”。在有效范例搜索的过程中，每个来源都有几个潜在的先例，这些先例可能适合或者不适合你的问题。你不能将整个来源当作你的先例。例如，如果“品牌”是一个问题元素，那星巴克可能是你的一个来源。你可能会说你想要像“星巴克”那样的品牌，但你不会模仿星巴克为打造其品牌所做的一切。你研究星巴克所做的事情，然后从你的研究中选择了一些对你的问题元素有用的东西，例如，星巴克是如何通过拥有自己的门店而不是通过特许经营店来更好地把控门店体验的。这就是一个对你有用的先例。

找到相关的先例并不容易，因为在物理科学范围之外，我们缺乏统计“证据”，即一套行之有效的、能产生奇特效果的措施。而有效范例搜索有其自身特有的方法和技术，能够帮助我们找到一组符合当前情况的先例。这种搜索方法是创造性战略和大多数其他创新方法之间的关键区别所在。其他的创新方法花了大部分的时间和精力来研究问题；相比之下，创造性战略是在负责解决问题的关键领导者已经以他们认为最好的方式对该问题做了一些工作的基础上进行的。一旦他们在一定程度上理解了这个问题，并决定试着解决这个问题，他们就会利用大部分时间和精力进行有效范例搜索，寻找解决方案。

你应该花尽可能多的时间来完成有效范例搜索。在紧急情况下，可能会花一天的时间。对于长期性问题，则可能需要一周、一个月甚至一年。原则上，有效范例搜索可以一直持续进行下去，因为人类的经验总是不断地被开发出值得我们研究的新领域。在淘金热时期，如果你有无限的时间和金钱，那你就可以在地球上的每一个地方挖洞，越深越好。你拥有的时间和金钱越少，你挖的洞也就越少、越浅，有效范例搜索也是如此。然而，如果你没有挖掘任何地方，那么你就只能通过寻找相关先例来解决与你相关的问题。

有效范例搜索的副产品是学习，它可以让你建立一个先例清单，以备将来用于其他问题。搜索工作可以充满趣味，就像一趟发现之旅，你永远不知道你会发现什么。但它也会让你备感焦虑，尤其是当你搜索了几天或几周，却依然没有找到自己需要的东西时。这时，你需要回到“思维沉淀”，因为你需要精神上的约束让自己能够以平静、开放的心态来面对未知的事物。否则，你将回到专家直觉，用你已经知道的东西来填充矩阵。

当你用尽时间，或是判断出你已经发现了足够多有价值的先例时，你就进入了下一个阶段——创意组合。在这个阶段，你将选择并组合一些先例以形成解决方案。对于创意组合，没有精确的公式，因为当各种先例涌入你的脑海时，大脑中闪现出的灵感将会帮助你进行创意组合。你要做的就是把这些点连起来，但不是所有的点。有效范例搜索找出了一系列有价值的先例，如果你把它们全部组合起来，那么你势必会陷入巨大的混乱之中。你可以看到一个人是如何与另一个人以及其他人一起进行符合你的情况，并且能解决你的问题的创新的。

最后，创意组合促成了你的“决定”——追求自身想法的意志。人们往往对自己的想法坚信不疑，这正是人性使然。为什么那么多咨询报告堆积在办公室的架子上，积满了灰尘却无人过问？因为这是咨询师们的想法，而不是客户的。创造性战略恰好解决了这个问题，它在两个决定性的阶段——快速评估和创意组合，将关键领导者包括在内。你为这些领导者提供史上先例，而这些先例符合他们所理解的问题元素，并且他们同意进行快速评估。然后，在创意组合这一阶段，你又引导他们选择一些先例并加以组合形成一个创意子集。这样一来，他们就确切地看到了让一切变得不同的问题解决方案。

简而言之，这正是你将创造新想法（战略直觉）的大脑机制转化成一种正式创新方法（创造性战略）的方式。

第2章

先例

先例是创造性战略的核心。快速评估告诉你，你想要什么样的先例；有效范例搜索帮助你搜索这些先例；创意组合对它们进行选择、组合，从而创造出一个新的创意；而思维沉淀的部分功能是将所有的人类活动视为潜在的先例以供将来使用。但这并不意味着你要把自己看到、听到或读到的所有东西都灌入大脑。如果你这样做了，那你的大脑一定会“爆炸”。但它确实意味着所有的东西都已经被提到议事日程上来了。因此，即使你的选择有限，你也必须考虑周全。

我们举个例子来说明创新者该如何从众多的实例中挑选出需要的先例，以产生创意。

1997 年，里德 · 海斯汀（Reed Hasting）刚刚卖掉了自己经营得不错的软件公司，这家公司是他 10 年前大学刚毕业时创立的。当时他住在美国加州的圣何塞，有一天，他去音像店还《阿波罗 13 号》（*Apollo 13*）的录像带。因为超过归还期限太久了，所以他付了 40 美元的滞纳金。他很失望，也很懊恼。他该如何告诉妻子呢？嗯……他必须告诉她吗？

> 哦，天哪！我居然为交了一笔滞纳金想着要如何骗我的妻子，这简直是对我的婚姻的亵渎。

在他开车从音像店去健身俱乐部的路上，他突然想道：

> 对呀！音像店完全可以像健身房一样收取固定的会员费啊……为什么以前没有人这么做？

这里出现了两个不同来源的先例。第一个是美国的音像店，当时的音像店就像个塞满录像带的大箱子，顾客可以通过租赁或购买的方式观看这些录像带，而百视达[①]是当时美国最大的音像连锁店。第二个先例是健身房，这些健身俱乐部都有着开阔的区域，里面分布着许多健身器材供会员自由使用。如果你列出百视达和俱乐部所

---

① 百视达是一家美国家庭影视娱乐供应商，最初只是出租录像带，后来发展到了流媒体、随选视讯和影院等行业。——译者注

有的元素，你会想象出几十种甚至上百种组合。海斯汀就是从百视达中选择了一个特定的元素作为先例，又从健身俱乐部选取了另一组特定子元素作为另一个先例。

对于百视达这个先例，海斯汀从整个体系中排除了支付系统；而对于健身俱乐部这个先例，海斯汀只选取了其支付系统。这种不平衡是很常见的：一些先例结合了来源中的许多个元素，而其他先例却几乎没有结合来源中的任何元素。我们没有办法提前知道特定的来源是否会产生多个元素或单个元素的先例。正如我们从这个例子中看到的，单个元素的先例与许多元素的先例一样重要。

以百视达为例，海斯汀假设这些元素是有效的。那时，有很多百视达音像店，这些店里总是塞满了录像带，挤满了人。海斯汀对音像租赁这一业务进行了考察，以判断他的想法能否用于这一业务；不过当时他的经验已经告诉他，收取固定会员费一定会帮助百视达大获成功。健身俱乐部的先例也是如此：海斯汀认为会员的固定会员费是健身俱乐部经营模式的成功之处。而在当时，健身房算是一个处于蓬勃发展中的行业。为了将自己的想法付诸实践，他又对健身房的数据进行了核对，而他的经验足以让他判断自己选择的这个先例非常可取，即使在他核对数据时并不敢保证除了固定会员费外，是否还有其他因素也对公司或行业的整体成功做出过贡献。在结合这两个先例时，海斯汀表现得十分镇定。一开始，他只是把健身俱乐部当成了锻炼的场所，但接下来，他就将俱乐部的元素拆分开来，并且发现了一个适用于其他行业的先例。这正是你在做有效范例搜索时需要的状态。

在组合了这两个先例后，海斯汀并没有停下。那时，亚马逊公司刚成立两年，就已成为许多新型电子商务理念的先例来源。亚马逊公司开创了许多我们现在早就习以为常的电子商务功能，包括使用信用卡进行安全支付。海斯汀将亚马逊的许多电子商务功能添加到他的新组合中。他用亚马逊线上邮购的模式代替了百视达的线下经营模式。

从实体店经营转换到电子商务，海斯汀还借鉴了另一个先例。一位朋友向他介绍了一种刚从日本传到美国的电影新技术——数字视频光盘，也叫 DVD。它比百视达的录像带要轻得多，体积也更小，邮寄起来更容易。

> 我跑到一家名叫塔的影碟店，买了一堆影碟邮寄给我自己，然后我开始等待……直到我收到包裹，打开后发现这些影片毫无破损。
>
> 我想："哦，天哪！这种方式简直就是奇迹！"

现在你可能已经知道这家公司了——奈飞（Netflix）[①]。海斯汀结合了百视达、健身俱乐部、亚马逊和新 DVD 技术这几个先例，从而实现了他的创新。但是他只是组合了每个先例中的部分元素，并非选取了整个先例本身，甚至对新 DVD 技术也是如此；这些组合

① 奈飞是一家在线影片租赁提供商。公司能够提供奈飞超大数量的 DVD，而且能够让顾客快速方便地挑选影片，同时提供免费递送服务。

起来的元素使得录制电影更加容易，但海斯汀并没有把这个部分作为他的先例，而一些电影制片人就因此给我们带来了电影方面的创新。

请注意，海斯汀的组合与他自己过去的经验或软件方面的专业知识没有多大关系。当然，成千上万的人对百视达、亚马逊、健身俱乐部和 DVD 都有着足够多的了解，但只有海斯汀一个人做到了创新，或许是他的软件知识帮他实现了他的想法，尽管这个想法本身并不包含软件方面的创新；数以千计的软件专家知道如何制作海斯汀所创立的奈飞网站，但只有海斯汀做到了，这也许是他的软件专业知识给了他信心——也帮他下了决心，因为他知道自己在技术方面能够做好保障。但是，这些构成他想法的先例没有一个来自他自身的软件经验。

奈飞公司的故事来自 2006 年 CBS 新闻记者莱斯利·斯塔尔（Lesley Stahl）对海斯汀的采访。这个故事并没有直接告诉我们海斯汀头脑中发生的一切，但我们能够看出，他利用战略直觉实现了他的大胆创意，即他通过组合先例实现了自己的创新，而不是使用洞察矩阵或其他任何正式的工具。如果某个创意以同样的方式闪现在你的脑海中，那就更好了。但公司也需要一种可以在日常工作中遵循的创新方法，或者至少确保它们的日常工作不会阻碍创新。为此，它们需要知道如何把里德·海斯汀头脑中发生的一切转化为一种能让团体遵循的正式方法。那么接下来，就让我们把海斯汀的战略直觉转化成创造性战略的步骤。

图 2–1 是基于奈飞理念的一个洞察矩阵。我们知道，每当海斯汀将一个新的先例加入进来时，问题陈述就改变了。这个版本只显示了元素和来源。海斯汀在采访中也提到过。因为也会有其他因素，所以这个矩阵也给这些因素留有空间。当然，奈飞公司仍在不断发展中，例如，它现在有了可以播放视频的功能，但这并不是海斯汀发明的，而是其他人开创的先例。

洞察矩阵

问题：在线邮购 DVD 租赁俱乐部

来源 →

元素 ↓

	百视达	健身俱乐部	亚马逊	DVDs	其他
商业模式	×		×		
支付系统		×	×	×	
分销系统			×		
其他					

图 2–1　奈飞公司的先例

奈飞公司的示例说明了如何将战略直觉转换成创造性战略。在海斯汀的头脑中，他利用战略直觉从四个来源的先例中选取了子集，并将这些子集进行了组合，解决问题的不同元素，于是，问题和元素在这个过程中发生了变化。对于创造性战略，我们通常需要逆向工作：先识别问题，然后将其分解为元素，最后我们从先例中选择并组合元素。注意，问题和元素可能会在这个过程中发生变化。

在不同的情况下，具体步骤的顺序会有所不同。图 2–2 是最简单的一种。我们将图 2–2 中的步骤 1 和步骤 2 视为快速评估，步骤 3 和 4 则是有效范例搜索，步骤 5 是创意组合。在大多数情况下，步骤 3 和步骤 4 花费的时间最多。但是这种简单的序列很少见。通常情况下，你至少要进行一次迭代，然后返回起点，重新开始。因为在开始查找先例后，你常常会发现新的来源，或者在有效范例搜索过程中添加元素或更改问题。

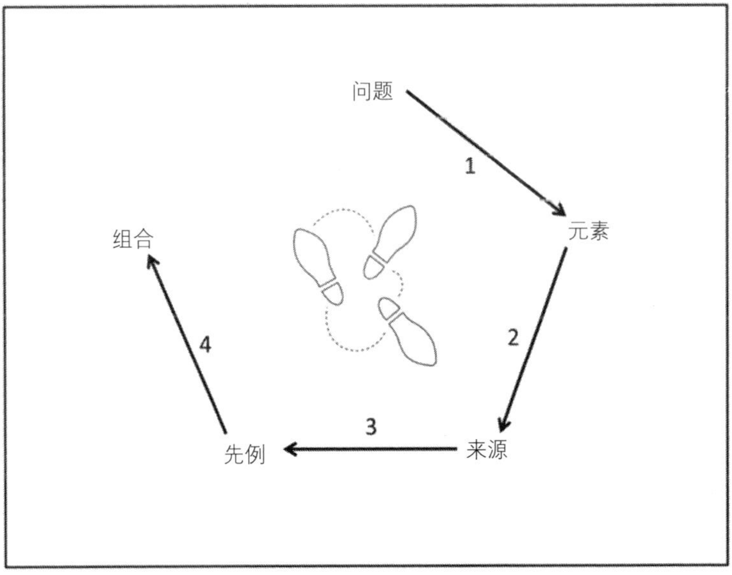

图 2–2　创造性战略的基本步骤

根据 CBS 的采访，奈飞公司的整个创造性战略流程如图 2–3 所示。从这个图中，我们可以看出，即使看似非常简单的案例，当我们遵循其步骤一步一步地推进时，会发现该过程也是非常复杂的。每当运用创造性战略时，你通常会发现你从某一点开始就偏离了其基本顺序。最终的确切顺序取决于问题本身，你分解问题的方法，你发现的来源、先例，快速评估，以及有效范例搜索和创意组合的参与者。你不可能用同样的方法进行两次。

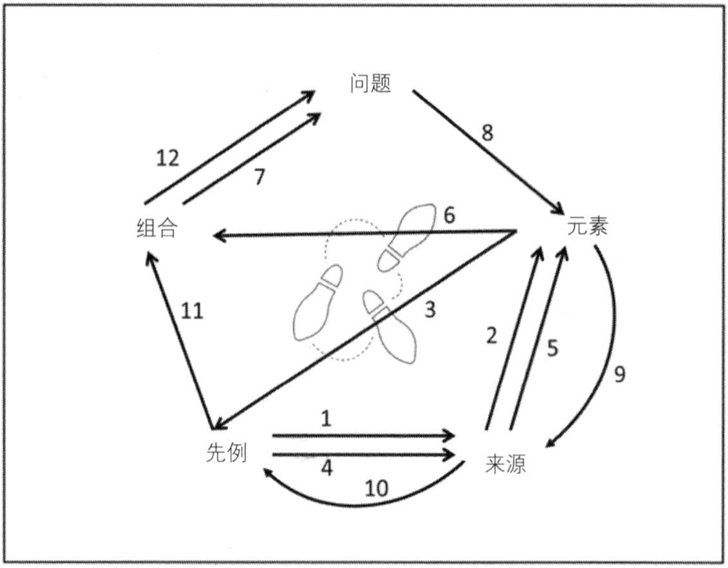

图 2–3　创造性战略：奈飞公司的步骤

因为你采取的一系列步骤会随着发现的改变而改变，所以你无法提前计划好所有的步骤。即使你真的计划好了，那也要准备好随时改变。因此，最好只规划一个阶段，例如，一周的快速评估、八周的有效范例搜索以及一周的创意组合。此外，你还要边前行边计划，一天一天、一周一周地将你的计划逐渐展开。

就战略直觉的心理机制而言，创造性战略是我们能找到的、最正式的方法。我们不敢再往前走。即使有了洞察矩阵、三个阶段以及内部和中间的步骤，你的创新理念依旧依赖于思维沉淀和灵感闪现去选择并组合先例。没有别的办法可以做到这一点。

第 3 章

问题是什么

创造性战略的第一个阶段是快速评估。在这个阶段，你要明确创新需要解决的问题是什么，并将该问题分解成元素。这个过程包括对关键领导者的采访以及对相关问题的文件和数据的快速分析。对于简单的问题和一些关键领导者，快速评估可能只需要不到一天的时间。对于大公司的复杂问题，则可能需要一周多的时间。在第二个阶段，也就是有效范例搜索阶段的发现，可以让你返回并回顾快速评估阶段，以修改问题及其元素。

当然，并不是所有的问题都需要创新。也许你已经做得很好了，而且仍然适用于你在可预见的将来会遇到的情况。在这种情况下，你不需要创造性战略。但这种情况少之又少。商业世界变化很快，如果你认为你目前的战略在明年、后年或之后的每一年都不需要改变，那这只能是你一厢情愿的想法。

大多数企业已经认识到了这一点。它们可能认为自己不需要创新，但仍然以多种方式来展望未来。它们可能需要评估、可行性研究、市场报告、战略分析、基准测试或其他系统的审查，然后才开始正式规划企业的全部或部分战略。在这些情况下，你可以向它们提出以创造性战略作为研究方法。你不必预先说你的目标是进行创新，只要公司同意进行快速评估、有效范例搜索、创意组合这三个阶段，你就可以继续推进你的战略。

但是，公司通常都知道它们需要创新：它们意识到自己有一个不知道如何解决的问题。然而，它们并不总是能清楚地阐明问题，有时甚至会将问题搞错。创造性战略的第一个阶段是快速评估，而快速评估的第一步是进行问题陈述；如果公司已经明确了它们需要创新的地方，那么第一步就不用花太多的时间。但是，如果问题含糊不清，那么你可能需要进行全面的访问，才能实现这一步。

哪里才是需要创新的地方呢？这个问题并不容易回答。你想要的是一种能让你的业绩无限增长并将你的成本降低到零的创新，但你知道这是不可能的。即使你选择了一个较小的目标——增加绩效，降低 20% 的成本，我们也依然认为你没有发现需要创新的地方。如果你能通过努力工作或雇用更多的人或扩展新的领域来达到这些目标，那么你就不需要创新。你只需要做更多你已经在做的事情即可。

然而，许多组织通常会将目标作为战略的第一步。由董事会或公司管理层公布业绩目标，然后要求相关部门制定预算并采取行动来实现这些目标。各个部门通常只是提议做更多他们已经在做的事情，但根据定义，这并不是创新。相反，即使公司管理层发出业绩目标，他们也应该要求每个部门先停下手头的任务，去找出那个尚未获得解决方案的问题。一旦他们发现了那个问题，势必获得丰厚的回报。但这个缺失的步骤往往比增加当前的活动以提高达成目标的可能性更困难，这也不是自动分工能完成的。

他们必须进行思考。研究有助于你进行思考。为此，你可以找到许多传统的战略方法来帮助你收集你所在行业、你的竞争对手、你的客户、整个行业的数据以及经济态势，或者你自己的优势和劣势。这些方法可以为你提供很多信息，但不会给出什么结论。从分析情况到问题陈述，这些方法既不正式也不合逻辑。这就是实践中发生的事情：无论谁做研究或分析，都会产生对问题的想法。我们从学习和记忆模型得知想法来自人类记忆中的类似情况。因为每个人的记忆都是不同的，所以我们可以从相同的分析中得出不同的结论。

一些管理者或咨询顾问经常组织头脑风暴会议。在会议上，大家从问题分析入手，最后又回到问题陈述上。只要会议不打算提出解决办法，头脑风暴会议就足以完成问题分析和问题陈述。这是一个至关重要的区别，因为头脑风暴不能解决创新问题。它可以解决日常问题，只要大家群策群力就足以应对。根据定义，对于创新问题，你看不到它的解决方案。如果你可以通过头脑风暴来解决问题，那这个问题就与创新无关。

通常，创新问题不是通过正式的研究和分析产生的，而是在正常的商业和生活中自然地出现的。你研究自己的年度业绩，发现某个数字太高或太低，或者发现了一个你一度没能发掘出来的广阔市场或巨额资金来源。这种识别问题的自然方法通常与更正式的研究和分析方法一样有效。

不管你要解决什么问题，都值得去努力。为了想出一个创新的解决办法，你花费了大量的时间和精力。一旦成功，你必将会花更多的时间和金钱将创新想法付诸实践。因此，你总想得到一些有足够分量的问题。这个问题必须是其他人还没有找到解决办法的问题，至少在你所处的背景下是这样的。你需要的是创新，而不是从别人那里吸取教训。

例如（先声明一下，这个问题不要求创新），一位高管来找我说："我想做一个大项目，但我又不想通过融资为项目筹集资金，我打算用创造性战略想方法。"其实这完全没有必要。我们可以查阅到大量关于项目资金的专业知识。这位高管或许只需要找到一个具备这种专长的人，或者仔细研读这个专题来解决问题，而不是使用创造性战略。但是，如果这个项目与往常不同，没有任何为它提供资金的先例，那么他就需要进行创新。这就是造性战略的切入点。你会发现这个项目的不同寻常之处——我们把它们称作 X、Y、Z，然后用这种方式陈述你的创新问题：如果一个项目具有 X、Y 和 Z 等特征，我们就通过创新的方式来筹集资金。

我们再看另一个例子。两位来自一家大型金融服务公司的高管来找我。这家公司在日本市场已经得到了顺利发展，随后又成功地扩展到了东亚的其他地区。现在，它的目的是将市场进一步扩大到欧洲和亚洲的其他地区。乍一看，这不是一个创新问题："你在东亚的扩张已经很成功，你现在要做的就是瞄准下一个目标地区再做一次同样的事。这有什么问题吗？"

当我问这个问题时，两位高管都摇了摇头。他们回答说："我们公司有很强的日本商业文化。这种文化与东亚的商业文化很相似。但对于世界其他地方，情况却并非如此。到目前为止，我们公司已经扩大到能够在当地设立地方办事处，派一些总部员工去那里工作，然后再雇一些当地人。公司还可以通过收购当地公司并增派一些总部员工来扩大规模。"文化契合使之成为可能，因为当地的员工了解当地商业文化的运作模式。然而，当他们试图在东亚以外的地区设立一个办事处时，却因总部工作人员对当地的商业文化知之甚少而以失败告终。由于文化的原因，当地人不愿意为日本公司工作，原因也包括工资太低。他们也尝试过收购一家当地公司，但同样由于文化的原因，该公司现有的当地员工吵嚷着要辞职。

他们感到很困惑："我们设定的三年目标最终失败了。"

那我们就来谈谈这件事。其实，他们需要的正是创新。

首先，我们得后退一步。他们所谓的三年目标从何而来？他们犯了一个典型的错误，在没有战略构想的情况下就进行战略规划。如果你从设定财务目标开始你的战略，你实际上是在说："我们的战略构想就是做我们已经在做的事情，除了做更多，别无他法。”因此，改善这个局面的第一步是：扔掉三年目标。在设定目标之前，你需要形成创新思维。

他们的问题归纳起来基本就是：“将市场迅速扩张到全球的同时，将日本商业文化的关键部分完好无损地传播到地方办事处。”为此，他们需要创新。他们已经准备好通过创造性战略来推进他们的计划。如果他们最终能想出一个妙计，那他们就能估算出他们能实现什么样的目标，实现这些目标需要多少时间。如果他们在想出这一计策之前就设定三年目标，那就相当于是把车套在马之前，这样马怎么能拉着车跑呢？

跟大家分享另一个案例，就是 20 世纪 90 年代末 GE 公司的例子。关于这个例子，我会分析得更详细。当时，GE 公司被普遍看作一个获得了巨大成功的范例，10 多年来，它的收入、净收入和股价一直在稳步增长。这家公司在没有主营业务的情况下做成了所有的事：它在 24 个不同的行业设立了 24 家不同的公司。GE 公司的首席执行官杰克·韦尔奇（Jack Welch）并没有为这些公司提供 GE 的战略，而是支持这些公司在其所处的行业中击败对手取得成功。虽然他没有为这些公司制定一个可以遵循的战略，但他为它们提供了一种方法，一种能够让它们寻找到符合自身特殊情况的战略。这种方法正是以创造性战略为指导原则的。

GE 公司的高管在位于离康涅狄格州费尔菲尔德总部约 50 英

里[①]远的纽约克罗顿维尔的通用企业大学学习了该方法。高管小组到克罗顿维尔参加了为期两周的领导力项目培训，并简单汇报了GE旗下的其他公司的情况。GE公司的规模之所以能快速扩大是由于公司的收购，这意味着许多到位于克罗顿维尔的通用企业大学参会的人都是GE公司的新成员。其他参会人员也都是刚被提拔上来的，因此也都是新人。

在项目启动之初，GE公司向其中一家公司的高管小组提出了一个真正的战略问题，并要求他们在两周的空闲时间内解决这个问题。在该项目结束时，该小组就这一问题向GE公司的最高管理层（包括来自特定行业的一位或多位高层领导）提交了他们的解决方案。这是一次真正的实践，而不是模拟。如果小组提出了一个有可行性的想法，那GE公司的最高管理层就会决定是否要付诸行动。

让我们仔细分析一下该小组的方法。该小组首先根据创造性战略描述问题：我们最需要创新的地方是什么？有一个答案可以回答这个问题，这个答案源于GE公司的一个真实案例：家用电器的线上零售。20世纪90年代末，电子商务刚刚起步，亚马逊公司在这方面遥遥领先。而GE公司传统的做法是将家用电器批发给大型商店，而大型商店再将它们卖给消费者。如果GE公司在线上将家电直接卖给消费者，那这些大型商场势必会强烈抗议，转而采购别的公司的家电。因此，GE公司需要一个既能在网上销售电器又能保留其批发业务的战略。

① 1英里≈1.6903千米。——译者注

如果我们是该小组成员，那我们会拿一张白纸或白板，把问题陈述写在上面："从批发到电子商务。"这也只能算是草案，因为当我们进一步深入研究的时候，问题可能会改变。在现实生活中，这种情况经常发生：你已经开始做一个项目了，却在某个时刻意识到自己正在处理一个错误的问题，而真正的问题是另一个。因此，你必须切换到真正的问题上，至少你得尝试着这么做。如果你的老板或客户告诉你"坚持原来的问题"，那么你的问题就更大了。

这就是为什么要把问题留在草案里，直到你找到了解决它的方法。过早地设定目标是全球企业战略中犯的最大的错误之一，就像我们的日本朋友一样，他们设定了三年目标，但却不知道如何达成目标。因此，你要先明确目标和行动的过程，这就是你的战略。只有到那时你才可以去做规划，设定你的目标。

经过分析，我们可以看出，GE 公司的案例里还缺少一个目标。对于我们所拥有的，英语里没有一个合适的术语可以用来形容它。它应该是一个"目标"。如果我们能想出好办法来实现它，它应该就是我们建议 GE 公司设定的目标。从单词本身来说，我们认为"假设"这个单词的含义和目标很接近，这就意味着，我们接下来要做一个实验，但并不仅仅如此而已。也许我们能做得最好的就是达成"可能的目标"。因为接下来我们要做的是努力找出一种方案来实现这个目标。只有当我们找到这两者，并且它们能互相匹配时，我们才会考虑是否要设定目标。

一旦我们有了问题陈述草案，接下来要做的就是分析。我们把问题分成几个部分，检验并确定元素，这就是分析的意义。这种分析方法与商界中大多数常规行业、市场或竞争对手采用的分析方法有很大的不同。传统的分析方法被用在你的“可能目标”陈述之前。例如，GE 公司可能已经对新的在线电子商务行业进行了一些分析，以了解该行业的哪些部分已经面向家电市场提供服务，然后再设定电子商务在家电领域的可能目标。尽管这样做是没有问题的，但是一旦我们有了问题陈述，我们的问题分析形式就会发生改变：我们把问题分解开来，形成一个亟待解决的难题清单，并据此设定目标。

我们的清单可以采取障碍和解决方案的形式。两者就像是同一枚硬币的两面。在 GE 公司的案例中，我们可以将“从批发到电子商务”这个问题分解如下：

- 识别客户；
- 留住客户；
- 客户信用；
- 保留批发商；
- 客户服务。

同样，这个列表也是草案，原因和之前的一样：当我们继续推进工作时，它可能会改变。如果我们意识到我们漏掉了一些东西，那么别担心，我们可以把它加到列表中；或者我们意识到了某个项目微不足道，甚至只是另一个项目的一部分，不要慌，我们可以删掉它。工作推进到某种程度时，我们可能会意识到清单上的某个项目确实成了一个亟待解决的大问题，那么我们就把它提升为总体项目的“可能目标”，然后重新开始我们的工作。现在，我们已经把它分成了几个部分。从 GE 公司的案例中，我们可能认为“保留批发商”的确是一个大问题，所以考虑将它提升到最重要的位置。然而，恰恰相反，我们应该将它看作更大问题的主要部分。

我们的列表应该做多长才合适呢？从逻辑上来说，我们可以把复杂的问题分解成几十个甚至上百个碎片。如果要求我们将这上百个碎片同时都刻在脑海中，那就超出了人脑的极限。一般人的大脑记忆的东西一旦超过 10 个，在一次思考的过程中就无法考虑到所有的元素。上文中 GE 公司的列表在分类上就做得很好。我们最好由一个简短的列表开始，然后在问题出现时，再往列表里添加更多的元素。

最重要的是，我们不想在这个阶段花费太多的时间。大多数企业高管都善于分析，他们可以花上几个小时开心地做这件事。但是，我们要抵制这种诱惑！我们要把时间花在寻找解决问题的方法上，而不是研究问题上。在很多情况下，我们无须花费一个多小时去做一个初始列表。因为我们出于对所处领域或行业的良好认知，选择了一个可能的目标，所以同样的认知让我们能够快速地将其分解。

问题及其元素就形成了我们的洞察矩阵。图 3–1 显示了在 GE 公司的案例中，我们是如何寻找问题来源的。现在，就让我们开始有效范例搜索：广泛搜索能够解决一个或多个难题的来源。

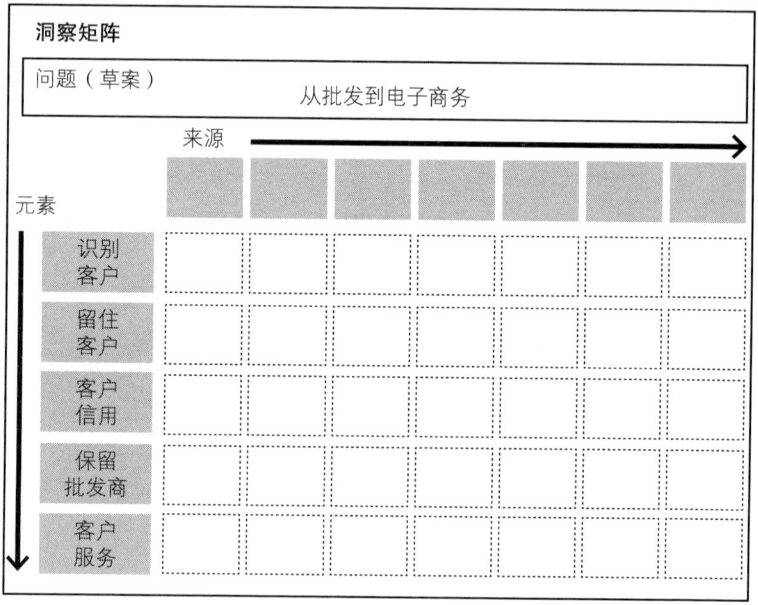

图 3–1　洞察矩阵：快速评估

GE 公司的案例以最简单的形式展示了创造性战略的第一个阶段：快速评估。在这一阶段，团队从其他人那里获得一个明确的问题陈述草案，并自行开展工作，对其进行分解。但有时候，在搜索之前，快速评估会花费很多时间和精力。在大多数情况下，领导者并不清楚问题究竟出在哪里，就像我们的日本朋友那样。因此，快速评估会花费很多时间和精力。

快速评估中使用到的某些技巧来自传统战略，也有一些源于比较特别的创造性战略。快速评估源于 20 世纪 80 年代为提高贫困国家经济研究的效率而开发的一种定性研究方法。因为将那些在富裕国家使用的各种复杂的经济调查用于这些贫困国家，根本不会奏效，而且这些调查耗资巨大，费时过长，产生的数据并不可靠，富裕国家使用的统计模型在这里根本行不通。因此，在快速评估中，你可以进行一系列迭代的半结构化采访，采访要涉及尽量多的关键信息提供者，这将能帮助你更快、更好地获得更精准的信息，而且成本更低。采访为你提供你所需的特定文件和已经存在的数据，进而帮助你完成这张列表。

许多咨询公司都在一定程度上采用了快速评估这一方法。我与日本高管的谈话就是快速评估的一种形式，我以这种方法来引导他们陈述问题并分解问题。在快速评估最全的版本里，包含了许多反复采访。通过采访，我们不断地调整并修改问题及其元素。

每轮采访都会向你发送受访者提到的关键文件和数据，以了解其对该问题的理解。你不必自己创建新文档或收集新数据。

传统的战略通常以客户调查、行业分析等形式开始其耗资大、耗时长的调研工作，快速评估可以取而代之。快速评估可以让关键领导者积极参与到分析问题中，帮助他们理解解决方案，并对未来做出承诺。在创造性战略指导下，你也许相信领导者对问题已经足够了解并已着手解决问题，但他们并不总是很清楚他们要了解什么：你所有的采访构成了一幅领导者无法绘制出的图。

快速评估既促使我们对最早出现的问题进行问题陈述和元素分解，也可以促使我们在第一批来源中进行有效范例搜索。有时，你采访了一位或多位领导者，他们能够让你不仅对问题有广泛的了解，而且对解决方案的潜在部分也有了深刻的了解：他们知道行业内外的一些成功案例，而这些案例与问题的某些因素有关。你一直在寻找这些关键信息的提供者，并希望他们能够为此竭尽全力。但你永远不会知道，或许你采访的那个人就是关键信息提供者。想要知道答案，唯一的办法就是在采访他们时问：“您曾经在哪些案例中也看到过这些元素？”这个问题并不典型，所以他们可能不会在你没有提出的情况下就主动告诉你。或者他们真的没有见到过，但是他们知道谁曾见过，所以你还可以这么问：“你知道谁可能了解这些元素在哪些案例中发挥过作用吗？”

在最简单的形式中，快速评估是一个离散的阶段，当关键领导者认同了初步的问题陈述和元素分解时，快速评估就结束了。但是，如果问题特别重大或特别复杂，问题陈述和元素列表就有可能多次改变或产生显著的变化。或许你的关键信息提供者在采访中愿意为你提供更多的线索。在这些情况下，你的快速评估可能会急需进入搜索阶段。

在早期阶段向客户提出不同于原始版本的问题陈述是咨询中很常见的一种做法，创造性战略同样如此。例如，“改善营销”太模糊，“缩短交付时间”太具体，“成为我们行业的引领者”又太过宏大了。在任何情况下，快速评估都可以从关键领导者身上看出他们当前在营销中遇到的困难，或许缩短交付时间有助于解决问题，或是看出阻止其在行业中崛起的因素。

在快速评估的过程中，很可能会出现不止一位优秀候选人，我们将其置于洞察矩阵的顶端。例如，我认为应该在营销上寻求创新，而你认为应该在融资方面进行创新。在这种情况下，两者都要做，但要分开做：做一个营销矩阵，另外做一个融资矩阵。如果有一个矩阵产生了创意组合，那这就是最终要做的。如果两者都做到了，那么你必须在两者之中选择一个，或者估量一下自己是否能两者兼得，至少在一定程度上是这样的。

也许创造性战略对于关键领导者而言是陌生的，所以在早期采访中，你一定要确保向他解释清楚快速评估是如何运作的。在采访中，你要将洞察矩阵草案展示给你的信息提供者。请他们帮你把问题陈述写在草案顶部，然后填写元素那一列。当然，这些都只能作为草案。你要让他们明白快速评估的迭代性，知道接下来要进行的是有效范例搜索。

快速评估产生的重要结果之一就是形成一个关键人物名单，这些人物将实施创造性战略提出的创新步骤。有时这个名单会很容易分辨：它可能是一个团队、一个部门或者是 个高管团队。但问题的改变和分解也将改变实施这些创新步骤的人员。你需要把新人加入这个名单，并对他们进行采访。对于每个新人，你或某个关键领导者必须提前告知他们创造性战略的步骤和你们所预见的时间表。最后的列表是团队的核心人物，你需要邀请他们参加最终的研讨会，以实现创意组合。在这份列表上，并没有多少人可以被邀请，即使是那些被复杂问题所困扰的大公司，受邀请的人也只有 50 个人左右。

在简单的案例中，快速评估的结束和有效范例搜索的开始之间会有一条清晰的界限。对于复杂的问题，你可以在快速评估期间就进行大量搜索以验证你的元素列表。找一些先例展示给一个或多个关键信息提供者，咨询他们这些先例是否符合你所列出的元素。在这个阶段，你不是在寻找完美的匹配对象，所以不要在这一步花太多时间。你应该将大部分时间用在有效范例搜索上。

第 4 章

从何处开始

创造性战略的第二个阶段——有效范例搜索，为公司和组织在不同的情况下解决了包含不同元素的问题。你会发现到底是什么对各个元素起作用的，为什么以及如何将它运用到自己的问题上。

有效范例搜索的方法很多，从简单的采访到统计分析都包含在内。社会科学开创了正规的“有效社会政策搜索”的方法。在社会科学领域，衡量成功要比在商界难得多。最正规的社会科学方法是荟萃分析，即对整个项目进行全面评估，并为各个子项目制定共同的标准，看看哪些项目会从同类中脱颖而出。即使在荟萃分析中，统计数据也只能让你做到这些。问题的每个因素都包含了不同的衡量标准，并不是所有的问题都包含所有的元素，所以每个项目都需要一套独特的衡量标准。有时候，你需要撇开统计数据，来判断哪些是有效的范例。

有效范例搜索无法搜索到解决问题最根本的方法。如果某个来源确实解决了整个问题，那么你肯定会知道它，并且可以复制该解决方法去解决自己的问题。这虽然不是创新，但往往是最好的捷径。在 GE 公司的案例中，目前还没有一家成功的网上电器零售商，所以没有人能够解决 GE 公司的整个问题。

然而，有效范例搜索可以找出解决问题的来源。比如在 GE 案例中，我们从第一个元素开始：有没有人知道如何在线识别各个行业的潜在客户，而不仅仅是卖出家电？列表也是如此。我们的目标是通过列表在多处寻找多个先例，直到看到这些先例形成了一个能够解决我们具体问题的组合。

在搜索过程中，我们可能会找到新的来源并将其添加到列表中，但我们无法预知会搜索到什么。因此，我们可能会在行业内找到答案，也可能在行业外找到答案。亨利·福特就是一个著名的例子。他发明了流水装配线，几乎所有的现代制造业都在用这种方式作业。那么，他是从哪里得到这个想法的呢？

福特并不是通过创新想出这个想法的，而是通过模仿所在行业的其他人做到的。他没有发明内燃机，是比利时的艾蒂安·雷诺阿（Etienne Lenoir）发明的；他没有发明汽车，是德国的卡尔·奔驰（Karl Benz）发明的；甚至他也没有发明汽车流水装配线，是他的美国同胞兰塞姆·奥茨（Ransom Olds）发明的。第一辆廉价批量生产的汽车是奥茨汽车（Oldsmobile）而非福特汽车。亨利·福特只是仿照奥茨汽车工厂生产了他的第一批汽车。这并不算创新，他只是模仿了奥茨的做法而已。倒推的话，奥茨是从自行车和马车的流水装配线上获得启发产生了他的想法的。

后来，福特有了一个更长远的想法，这个想法来自汽车工业之外。在奥茨的工厂里，工人们排成了一条长长的队伍，并都沿着队伍行进：马达工人过来安装马达，电气工人过来安装电线，以此类推。固定流水装配线实际上是工业革命初期旧工厂使用的技术。但在芝加哥的牲畜饲养场里，工人使用流水装配线进行屠宰。动物被送到屠宰场后，一名工人先将其杀死，然后把畜体挂到架子上，畜体在架子上滑动的时候，工人依然待在原地。畜体滑到下一处时，另一名工人褪去其皮毛。然后沿着这条线继续滑动畜体到下一处，下一位工人负责挖掉其内脏。这是一条流水拆卸线。福特对他的工程师说："让我们用另一种方式来生产汽车。我们把它变成一条流水装配线，工人们待在原地，需要装配的汽车沿着流水线从他们身边经过。"于是，现代制造业应运而生。

我们必须对所有看到的、听到的、从书上获知的事物保持开放的思想，这样才能寻找全新的来源。但是我们应该从哪里开始，又到哪里结束呢？我们不可能预见到所有的来源，特别是当我们回顾过去的时候。过去和现在所有的可能来源永远都无法穷尽，没有人有那么多时间去一一查看。但是，如果我们找不到来源，那也许是因为我们本就不需要这些来源。但是，我们怎么知道自己到底需不需要呢？

我们没法知道。没有规则可循。我们能做的就是把每个元素都列在列表上，并试着在某个地方至少找到一个先例，然后再找另一个，直到我们觉得列表中的内容对我们有帮助。如果我们能够组建一个团队，其成员有着不同的背景、不同的专业知识和兴趣，那将对我们大有裨益，每个人都会在不同的领域进行有效范例搜索。但我们的团队中不需要专家。你在搜索时会发掘出团队之外的专家。

理想情况下，我们需要尽可能多的时间和尽可能广的范围，因为我们很难弄清楚到底什么才是真正有效的。我们寻找经验证据，特别是数字，但因果关系并不总是那么清晰，特别是对于整体中的某个部分而言。例如，在纽约，在高峰期和低谷期应对那些为了获得低成本服务而未预约的客人的办法各不相同。不妨联系欧洲的渡轮运营商，看看它们是如何处理类似问题的。我们发现它们是通过好的想法和大量的数据来应对的。即使如此，也没有办法准确地说明某个程序对渡轮系统的总效率所做的贡献。因此，你把搜索中找到的所有数据和其他证据都放在一起，试着解释为什么以及你在多大程度上发现它，足以说服你为自己的情况选择了一个先例。

有效范例搜索明确指出，创造性战略既是一门艺术又是一门科学。当然，任何一位优秀的科学家都会告诉你，科学的实践有一部分是艺术；而任何一位优秀的艺术家都会告诉你，艺术的实践有一部分是科学。你不可能对你搜索的每个领域都十分熟悉或都受过培训，但当你进入每个领域时都必须了解科学，并根据数据和其他证据对科学做出判断。就像任何一门艺术或科学一样，你越擅长做出这样的判断，就越容易将它进行下去。你可能不会成为渡轮行业或其他任何领域的专家，但你可以成为有效范例搜索方面的专家。

一个好的有效范例搜索的关键在于，认识到你并不是你正在搜索的领域中的专家。当然，你所知道的知识会因你遇到的领域不同而不同。但即使是你非常了解的领域，你也不一定会将自己视为专家，因为你期望专家知道什么是有效的。为了进行有效范例搜索，你必须用全新的视角看待每一个领域。专家们真正知道的是在某些情况下对他们有用的东西，而不是在所有情况下、在所有时间里，以及在无穷无尽的变化中起作用的东西。从更广泛的意义上讲，我们甚至可以说在没有有效范例搜索的情况下，没有任何专家知道什么是有效的。

如果你有足够的时间进行深度搜索，那你应该先看科学文献和专业文献，并从相关行业和领域的期刊、报告开始看起。如果你没有受过这方面的训练，那你需要找一位受过培训的或对此有经验的人来指导你。这个人最好是核心搜索团队中的成员，这样一来，他就可以持续为你提供专业知识；当你在搜索中遇到其他来源时，你的判断就会发生变化，此时，你需要这位成员凭借专业知识为你提供建议，帮你做出正确的判断。你会发现很少有结果符合科学有效的黄金标准，所以你必须让自己在搜索的每一个领域都位于“足够好”的行列中。这是对你所发现的一切来源的滚动评价，而不是对每个来源的一次性评价。

通过阅读科学文献和专业文献，你会发现那些也曾做过这项研究而你尚未听闻的专家。因为科学研究的审查和发表都是需要时间的，所以你搜索到的大部分文献有可能是几年前的甚至更久的。但是，你一定要联系那些研究结果具有参考价值的作者，询问他们目前对有效范例搜索的看法。如果这位作者回复你说他发表的文章是这个领域内最后一篇有权威的文献，或者其文中提出的解决方案对于所有情况都适用，那你就要注意了，这位作者一定不是你要找的专家。一个思想开放的专家会很高兴你对他研究的领域感兴趣，并且会很乐意与你讨论该领域的最新研究情况、相关来源以及这个领域的其他专家和从业者。

所有这一切都可以改善你对“足够好”排名的判断：你可能会发现，大多数排名靠前的元素都没有足够的统计数据来证明。

特别是对于复杂的或稀有的元素，仅靠统计数据无法告诉你哪些是有效的。对于本书的整体主题，即创新、创造力和战略来说尤其如此。没有人能给出一种科学有效的途径来对两种研究方法进行对比。因为这其中有太多的变量，而每个变量都有自己的数据问题：规模、位置和公司的结构；使用该方法的程度、质量和连贯性；除影响结果的方法本身外的数据输入；不同情况下衡量结果的一致性，等等。只是让人们了解对于任何管理实践都有一个科学的衡量标准就已经很困难了，更别提那些结合实践的方法（比如创造性战略或其对手）了。

尽管统计数据不能告诉我们选择创新、创意和战略的方法，但有效范例搜索可以帮助我们。这正是我几年前做的事，搜索结果是创造性战略。我搜索了什么有助于为战略提出有创意的想法。搜索范围涵盖了包括神经科学、军事战略和商业史在内的多个领域。在搜索过程中，我发现了许多案例，而从这些案例中，我明白了创新者是如何提出创造性想法的。在本书的结尾部分，我简要概述了我自己对有效范例搜索的看法以及它是如何引导我将此方法写出来供大家参考的。

区分有效范例搜索和基准分析法是很重要的。基准分析法是当今商业中非常流行的方法，它的定义源于一家全球领先的管理咨询公司——贝恩公司（Bain & Company）：

> 基准分析法通过识别和应用最好的演示操作来提高性能。管理人员将其产品的性能或生产流程与竞争对手和一流公司的进行外部比较，或与本公司内部的执行类似操作的其他业务进行比较。

从定义可见，基准分析法是一个好方法。对于改善经营来说，这个办法确实不错，但算不上创新。让我们重新回到亨利·福特的案例。首先，他以“竞争对手和一流公司”为基准，这些基准引导他模仿奥茨进行生产。但他的巨大创新来源于汽车工业以外的芝加哥屠宰场。这是否意味着我们也应该对相关行业进行基准分析呢？如果是这样，如何才能找到相关性？你永远不知道创新将从何而来，除非你对世界上的每一个行业都进行基准分析。但这是不可能的，没有人有时间这么做。

因此，我们的第一步比基准分析要轻松得多：在某些行业中，对某些公司的活动的某个环节进行广泛的搜索。当然，这个环节必须与我们的问题有关。这就是我们寻宝的方式。我们可以称之为“快速初步基准搜索，但不仅局限于我们所在的行业”。一旦我们发现了某些我们认为很有价值的东西，我们就会进一步了解它是如何运作的。即便如此，我们也无法进行完整的基准分析，因为我们还不知道我们是否真的会运用那个元素。因此，我们必须先做一个简短的描述：我们发现的元素是什么，它是如何运作的，是什么让我们相信对于那个来源来说，它是一个成功的元素，以及我们如何将它运用到我们当前的问题上。这样一来，就会产生一些数据，但这也并不是全面的分析。我们可以称之为“应急基准分析”。

有时候，我们认为某个来源对我们很有用，但是我们不清楚这个来源的具体哪部分能够运用到我们当前的问题上。所以，我们采取了额外的步骤：打破来源，分解问题。我们列出了一些自己认为对来源起作用的关键先例。当然，我们还可以采取另一种方法——对每个先例做一个简短的概述：它是如何运作的，为什么它能成功，以及我们如何应用它。这有助于帮我们确定我们实际想要使用哪些先例（如果有的话）。

可以看出，有效范例搜索的工作量很大。如果我们在每一步都添加正式的、详细的基准分析，那我们就会把所有的时间都花在处理数字而不是搜索和思考上。只有当我们找到我们想要的元素之后，正式的基准分析才会开始。在有效范例搜索过程中进行详细的基准分析是相当浪费时间的。

如果其他人已经做过基准分析，那我们可以将其作为参考。但需要注意的是：在有效范例的搜索过程中，我们查找（A）一个或两个在特定情况下起作用的元素，而不是（B）一个在大量情况下的大部分时间里都发挥作用的元素。B 元素被称为“最佳实践”，而普通的基准分析就可以捕捉到这一点。如果一个元素不同寻常，那搜索起来就如同大海捞针，但往往这样的元素才适用于你的具体情况。根据定义，A 是统计意义上的“离群值”，它们经常出现在科学文章和报告的分割线以下。这就是为什么我们要直接与专家和从业者交流——为了发现和了解那些不寻常的结果。

让我们回过头来看看 GE 公司的案例，看看克罗顿维尔的高管小组是如何进行搜索的。这个团队只有两周的时间，所以它们不能进行深入的搜索。然而，GE 公司有一个极为特殊的优势，即在全球 24 个不同的行业中拥有 24 家不同的公司。团队成员们可以随时联系公司的内部专家，查阅内部研究项目和其他各种文件。同时，他们也会在外部进行搜索。例如，他们公司的质量项目、六西格玛等均来自摩托罗拉公司。24 个不同的全球行业是进行有效范例搜索的好去处。

图 4–1 显示了在 GE 公司的例子中，洞察矩阵是如何进行有效范例搜索的。X 显示了团队为各元素找到的有参考价值的先例。首行的来源是位于各个行业的 GE 公司，包括金融、塑料、NBC 电视、医疗等行业。我们很快就填满了矩阵里的单元格，但实际的矩阵包括所有的 24 家 GE 公司。搜索的来源数目并无上限，并且在进行过程中，你会不断添加或删除来源。

洞察矩阵

问题（草案） 从批发到电子商务

来源 →

元素 ↓

	金融	塑料	NBC	医疗	电力	抵押	应用
识别客户				×	×		
留住客户			×				×
客户信用				×		×	
保留批发商		×					
客户服务			×			×	

图 4–1 洞察矩阵：有效范例搜索

图 4–1 所示的 GE 公司的洞察矩阵表明，该团队发现了两个有价值的“留住客户”的先例：一个先例是在 GE 公司发现的，另一个是在 NBC 电视台发现的。而且该团队还在 GE 的抵押贷款公司发现了两个有价值的“客户信用”和“客户服务”先例。我们可以看出，如果在同一个来源中找到多个先例或多次找到相同的元素，那将对我们十分有利。但是我们在搜索的过程中总是偏向于寻找其他来源的先例而拒绝发现同源的先例。我们可以选择寻找特别适用于我们的特定问题，而非整个行业的共同问题的先例。在 X 的背后是关于我们所选择的每个先例的简短描述：这个元素是什么；它是如何运作的；是什么让我们相信对于那个来源，它是成功的元素；我

们如何将它运用到当前的问题上。

现在，我们可以清晰地看到有效范例搜索与传统的战略方法之间的区别。传统的战略方法通常是在某个研究阶段，你可以通过采用传统的战略方法深入地分析问题。而有效范例搜索可能会花费同样长的时间，但并不会将所有的精力都投入到研究问题本身上，而是会把大部分精力用在寻找解决方案上。

在某些情况下，你也许会在搜索中发现一个关键信息提供者，或者遇到了一些你认为早期的关键信息提供者可以帮助你理解和评估的事情，或者你的发现引导你改变了问题及其元素，你需要询问关键领导者的意见以达成一致。根据你的发现，在这些情况下，你的快速评估与有效范例搜索多少会有所重叠。

CREATIVE STRATEGY

A Guide for Innovation

第 5 章

创意组合

创造性战略的第三个阶段——创意组合，选择并结合一个先例的子集，从有效范例搜索上升为创新。如果可以的话，在与关键领导者的研讨会上实施这一步，以增强他们对解决方案的认可。创意组合是根据你选择的每个先例的活动，制订实施创意的初步计划。

然而，阶段之间的界限又一次变得模糊了：你如何知道什么时候该停止有效范例搜索进行创意组合吗？一种情况可能就是你用光了分配给有效范例搜索的时候。在 GE 公司的案例中，高管小组一共只有两周的时间。在克罗顿维尔，你或许会在最后做报告时说自己在进行一系列搜索后，没有找到任何解决方案。这是完全有可能的。毕竟你不可能在两周内解决所有问题，而且有些问题你根本解决不了。搜索的意义就在于：你不知道自己在何时会发现什么，或者不知道自己是否会有所发现。所以，你结合问题本身和自己的个人时间表或是给定的时间表尽可能地去搜索，搜索可能会花费两天、两周，甚至两年的时间。

图 4–1 是有效范例搜索结束后的 GE 公司的洞察矩阵。我们看到了问题、问题的元素、搜索来源以及特定来源中有价值的先例。但请注意，目前我们并没有提出解决方案，一切都还只是草案，只停留在我们的脑海里，X 列中的元素也是如此。我们的团队成员可以在任何时候对这个矩阵中的任何内容进行修改或删除。例如，如果我们认为某个难题的某一部分的确是一个无从下手的难题，那我们就把它放在矩阵的顶端，然后把它分解成元素。或者我们认为位于矩阵顶端的问题实际上属于更复杂的问题的一部分，这样一来，我们就把当前的问题填到列表中，把更复杂的问题填写在矩阵的顶端。

随着有效范例搜索的推进，我们将继续填充洞察矩阵中的单元格，并在需要的时候改变问题、搜索来源和问题元素。通过搜索，我们很快就能填满所有的单元格，但这并不意味着我们已经完成了搜索。因为我们总是可以不断地添加新来源。正如我们之前指出的，搜索是没有止境的，我们总是可以找到更多的来源，比如探索世界，回顾过去。那么我们如何才能知道我们什么时候找到了解决方案呢？

答案就是：当我们看到一个亟待解决并且有可能被解决的问题元素列表被某个元素组合解决了的时候，就说明我们找到了解决方案。一闪而过的灵感将大脑中的一个个小的点子整合了起来。但是，这种情况即使是在一个充满凝聚力的团队中，也只可能发生在一个人的大脑中。当这个人有了一个新想法后，会向团队的其他人解释他的这个想法，从而使其他人的大脑中也形成同样的想法，因为他们的大脑中有着共同的元素。这些点子通过你也在其他人的大脑中整合起来。人类大脑中的战略构想就是这样形成的，除此之外，别无他法。

在 GE 公司的案例中，最后一个元素做到了这一点。GE 金融公司在“识别客户”的基础上为员工提供了一种在线产品作为福利。家电团队说：“这一做法非常有趣。”当时有 30 万名 GE 公司员工，再加上他们的家人，大约是 100 万人。如果在网上为 GE 公司的员工及其家人购买家电作为福利会有怎样的效果呢？大型商店当然没有理由拒绝，因为这只是一个内部项目，只针对一部分人。但家电对于这 100 万客户而言，是生活必需品，所以这 100 万客户总归是要购买家电的。这为线上营销开了一个很好的头。GE 可以在这一庞大的内部市场找出所有在线营销的细节，然后决定是否向公众开放这种营销方法以及如何开放。

请注意，此时问题已经发生了变化，从“家电批发到电子商务”变成了“开始在线销售家用电器”。该团队并没有解决整个问题，而只是解决了一个问题，即如何迈出第一步。那时 GE 面临着一个选择：接受还是拒绝这种想法，它们最终选择接受并实施了这个想法。事实证明，这个团队很幸运，它们没有着手解决整个问题或是将大量时间用于网上零售，因为互联网泡沫很快就破灭了。幸运的是，他们只是放弃了网上零售，并且取得了成功：这个项目在十多年后的今天仍在继续。

图 5–1 为 GE 案例的最终洞察矩阵。我们从图中可以看出，最重要的元素是“识别客户”，最重要的来源是“金融”。尽管我们自身很难预测哪些元素和来源是最重要的，但是我们可以通过有效范例搜索找出来。在这种情况下，一旦 GE 的人对未来有了巨大的洞见，他们就可以用更传统的电子商务元素——仍然来自真正的来源，使这个图变得完整。画圈的元素是最终被选中进行创意组合的元素。这就是你的创新。

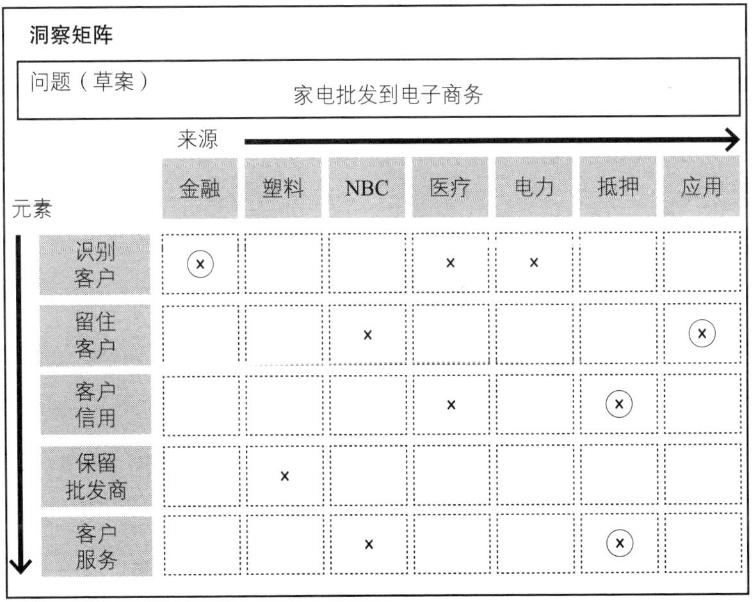

图 5–1　洞察矩阵：创意组合

你也可以通过正式的研讨会来完成创造性战略的第三个阶段。在研讨会上，你要声明有效范例搜索阶段已经结束，因此将大家召集到一起，是对搜索结果进行选择并组合。如果你的团队很庞大，你们亟待解决的问题又很棘手，那么研讨会对你们就有着巨大的意义。因此，在你巨大的矩阵里会有很多X。如果有效范例搜索团队与实施创新的团队不是同一个团队，那举行研讨会无疑是最好的方法。

关于创意组合的研讨会存在很多种变化的可能性。在此，我将为大家提供一个完整的版本，对参加研讨会的三组成员——快速评估和有效范例搜索团队、决定是否进行创新并且负责执行的关键领导者，以及其他负责执行的关键员工加以说明。我们把这三个组分别叫作创造性战略团队、创新领导者和创新员工。在快速评估过程中，创造性战略团队对所有的创新领导者进行采访。如果你是创造性战略团队的一员，如果你在采访完创新领导者之后就安排研讨会，那就请在采访时告诉这些领导者。他们随后将会挑选并邀请创新员工参加研讨会。

在创造性战略团队中，较资深的成员可能会承担大部分快速评估工作，初级成员则会做大部分有效范例搜索工作。整个团队的任务就是促进创意组合研讨会顺利召开。研讨会要至少提前一个月就开始策划，因为大家的时间都很紧张。在接近研讨会召开日期时，务必确认邀请人员名单并为受邀人员发送一份会议资料，资料内容包括对问题、元素和来源的简短概述，以及对你在矩阵单元格里发现的所有先例的概述，并要求参会者在研讨会前阅读这份资料里的每一项。

研讨会需要一天半的时间。你可以以一个完整的小组会议的形式来启动这次研讨会。就像任何一个研讨会那样，你需要向大家介绍每一位参会人员，回顾会议目标和议程，并请最资深的执行者向大家介绍公司打算推进的、由该小组提出的提议。尽管我们并不能保证公司会批准这项提议，但我们至少应该弄清楚本次研讨会之后的下一步审批步骤是什么。

另外，在这个阶段，你一定要保持清醒的头脑，明白这个团队来参加研讨会的目的不是要通过头脑风暴产生新的想法。明白这一点很重要，因为有头脑风暴这种想法很正常，不管你在邀请函中说了什么，他们都很可能十分期待进行头脑风暴。头脑风暴早已成为当今企业文化的一部分。因此，当你把大家召集在一起举行研讨会时，他们自然而然会想到你是想让他们通过头脑风暴提出解决方案。

接下来，创造性战略团队将汇报到目前为止他们所完成的事情。让我们简单回顾一下创造性战略团队向参会者发送的资料内容：填写有问题、元素、来源的洞察矩阵以及矩阵单元格中的先例。有了这些准备，创造性战略团队就可以采取许多方法让团队成员讨论、选择和组合这些先例。以小组的形式进行讨论是最好的，最后再把各个小组的成果汇总起来呈报给整个团队。最简单的拆分先例的方法是通过列表里的元素列来分组，即如果你有四个元素，那你就可以将它们分为四组，这样每个小组都有机会轮流处理每个元素对应的先例。

各小组需要有强大的动力或者自控力，以便时刻提醒小组成员：大家来这里不是为了通过头脑风暴解决问题。如果有人坚持要给出一个解决方案，而这个方案又不属于研讨会材料中所列的先例，那请将它记在材料的空白处以供日后研究。无论是谁提出的这个方案，我们都要对其进行研究，看它是否确实能在某个时刻解决某些问题。只有这样，它才能从空白处转移到关键先例的单元格中。这条要求很重要，否则整场研讨会最终将成为典型的头脑风暴会议。

让每一个小组在列表上写下它们选择的先例、选择原因以及它们对于组合这些先例的初步想法。将这些整理到空白处，等到研讨会结束的那一天，以团队为单位回顾这些内容。在此之前，我们为四个元素成立了四个小组，每一个小组都将张贴四套活动挂图，而每一套活动挂图对应一个元素。组别选择之间可能会有很多重叠，重叠越多越好。

当天晚上，全员放松，并确保每个人都处于放松状态。更重要的是，要保证每个人都在场。举办一个非正式的团队聚餐或其他社交活动，让大家相互之间能够随意交谈，更好地了解彼此。与此同时，顾问利用活动挂图以及每个选定元素的单页报告生成一个仅填充了少数几个单元格的洞察矩阵。为了做到这一点，他们需要找到这些小组都十分看好的元素，并为所有参与者制作副本。

第二天早上，分发草案文件，并进行小组讨论，然后提出增补、减少或改变（包括任何人在一夜之间产生的进一步见解）等提议。小组将这些提议反馈给整个团队，由顾问将它们记录下来，因为这时没有足够的时间根据这些提议来立即修改草案。然后，让我们再回到突破口：每个小组都有问题的一个元素以及自身选择的、与之匹配的先例。它们要做的是起草一个行动计划方案，内容包括什么时候、谁、做什么。每个小组将当着整个团队的面发表和讨论这些问题。

以上就是全部过程。最后，你需要总结你所做的事情以及下一步审批步骤，并让每个人都了解。创造性战略团队会把所有的内容都记录下来发给每位参会人员。

在这个创意组合研讨会中，谁会想出创意呢？事实上，谁都有可能想出创意并实施创意。如果这个创意团队全部由内部或者外部顾问组成，那我们可以看到这种方法与常见的做法（即咨询师先分析问题，然后给出建议）完全不同。这就是为什么许多咨询报告会被扔到书架上而无人问津，因为它不是顾客想要的创意。相对于其他人的想法，人们总是更相信自己的，也更愿意为自己的想法付出更多的努力，这是人之常情。克劳塞维茨称之为“决定”。它让你坚信灵感带给你的创意组合启发。

创造性战略不同于一般的参与式战略规划。在参与式战略规划中，推动者往往会带领团队就那些为实现目标而下达的任务、描绘的愿景、设立的目标、举办的活动等达成共识。在这种情况下，参会人员会分享自己的想法。而在创造性战略研讨会上，他们选择并组合了以往的成功先例。创造性战略的另一个优点是它让你的计划有了一个良好的开端：已选的先例列表是你计划的关键部分。参会人员离开研讨会时会显得非常兴奋，因为他们知道接下来该做什么、怎么做，以及如何解决他们所面临的重大战略问题。

创意组合的总结研讨会真的很难描述，除非你能亲眼看见。我之前说人们在会上“挑选”或“选择”并“组合”先例。实际上，他们真正要做的是“观察”先例。他们可能看到了矩阵中的先例与他们自身的情况有某些相似之处。或者他们看到了一种结合先例解决问题的办法。他们在大脑中把这些点连起来，就像是灵感闪现一般，脑海中那个顿悟的“灯泡”突然就亮了。当然，这并不是什么魔术，尽管在当时他们可能会这么认为。虽然科学家已经非常清楚地解释了灵感是如何发生的，但灵感的某些部分始终是神秘未知的。你永远不知道自己会看到什么，直到你看到它的那一刻。上一秒你还没有看到，下一秒你就看到了。这就是创造性战略的运作方式。

第6章

决定

一旦你有了创意，那就到了创造性战略的解决阶段。这一阶段可能需要几天、几周、几个月，甚至几年才可能完成。这取决于你的创意本身以及你遇到了哪些障碍。这个创意可能成功，也可能失败。创造性战略并不能保证成功，它只是通过给予你一个强有力的、值得努力去实现的想法，来提高你成功的概率而已。

一旦你有了一个创意组合，接下来要做的就是进行规划。研讨会通常会以开始实施计划来收尾。于是现在你就有了一个目标——最后的问题陈述。你可以策划一些活动来达成此目标：从来源中寻找并选出先例。这些先例承载着诸如成本、收入、人力和时间等数据。当然，你需要根据自己的情况对其进行适当的调整，而这些数据让你有了一个良好的开端。

只有你才清楚自己的计划实施需要多长时间。在 GE 公司的例子中，它们的解决方案可能是一个时长九个月的项目。对于许多创新而言，实施周期都要比这长得多。但不管时间有多长，你都可以对其进行规划。如果你的计划超过了规定的期限，那你就有点异想天开了。你没有任何依据表明你的计划能凌驾于创意组合带给你的想法之上。我们再回到日本公司的案例，这家公司寻求在亚洲以外的地区扩张市场，只有当它们想出一个令其满意的创意——绘出一个洞察矩阵的时候，它们才能知道自己的创意到底需要多长时间来实现，进而制定出合理的时间表。

当然，还有一些大的项目远远超出了创造性战略为你提供的创意，这可能就需要你去进行规划，但是这种情况是非常少见的。例如，假设在你所处的行业中，建成一座工厂需要五年的时间，或者设计、制造你的产品需要花七年的时间，如果你决定花五年时间建造一座工厂，那你当然需要制订一个五年计划来完成它；如果你决定花七年时间来设计、制造一个产品，那你需要制订一个七年计划来实现它。在这些情况下，你不得不制订一个五年或七年计划。但这些都是更宏大、更长远的战略，或者至少在我们看来是这样的。这些项目的整体战略，包括其整体的时间表均来自你的矩阵之外，工厂和产品是其中的一部分。在你想出较为满意的总体战略之前，不要为你的工厂或产品做详细的规划，因为它会有时间跨度。

你的想法中很可能会涉及一些未知的人物和知识，所以你的一部分计划就是要获得这些你所缺失的东西。创新通常都会超越人们现有的能力，而这恰恰是推动人们实现创新的重要因素。你的资源越接近你所处行业之外的事物，创新的程度就越大，你就越需要学习既有知识以外的东西。这就是为什么战略不应该遵循你目前的“核心竞争力”，因为它会发生改变，而且它也应该改变。一旦你的创新成功，你就拥有了新的核心竞争力。

另一方面，如果你现在无法使用矩阵中的元素，那么继续推进项目可能并不是最好的选择。这就涉及灵感问题，灵感能帮助你进行创意组合并开始你的计划。然而，此时我们应该问问自己：“这个想法很好，但是我们能做到吗？”有时你必须做好规划才能进行判断。可能等你规划好再回过头来看时，你会想：成本是不是太高了？周期是不是太长了？风险是不是太大了？你开始用自己惯用的决策方法来审视整个计划。这时，计划被否决是常有的事。

但是，你的判断依据是什么呢？我们要谨防预测失误导致的不良后果。预测通常采用的做法是将现有的成本和收入投入到未来中去。在未来，用其中一个减去另一个，所剩部分即为未来所获利润。如果未来所获利润足够丰厚，那么你很可能会采纳这个计划方案。如果未来所获利润偏低甚至为负，那么你必定会否决这个方案。如果你必须在两个方案中选择一个，那么你一定会选获利大的那个。

然而，这种选择计划方案的方式存在很大的失误。你对成本和收入的预测是不真实的。实际上，它们都是你编造的。你没有关于未来成本和收入的硬性数据来帮助你进行推断；你也没有关于未来的数据来帮助你预测未来的成本和收入，因此未来所获利润只是你的一个猜测。也许你的预测是建立在过去的数据基础之上的。这是没有问题的。尽管过去的数据是真实的，但是如果根据这些数据对未来进行预测，你就会在它们的基础上增加或减少百分比。例如，你先选取一个实数，并用一个虚构的数字乘以它，得到另一个虚构的数字，同时新的百分比也在过去的基础上有所增加或减少。假设收入在过去六年里每年增长 8%。如果现在我说明年的收入会再增加 8%，我就会编出一个新的数字。你可能会根据过去的数字，得出不同的结论：明年的收入将增长 9%。我说 8%，而你说 9%，另一个人可能会说 15%，那么到底谁才是对的？

答案不言而喻：我们三个人中，谁的权力最大，谁就是对的。这一点我们必须承认，也必须接受。但是，这并不意味着我们就必须假装认同这些预测是真实可靠的。

预测不是，也不能成为测量战略构想价值的科学方法。在这一构想中，预测只是表明了你对未来有多大的信心。如果你预测出未来所获利润较高，那说明你有很大的信心在你的战略构想中去实施这一计划；如果你预测出未来所获利润较低，甚至为负，那么说明你没有足够的信心在你的战略构想中去实施这一计划。然而，在商业中，我们通常会得到两套不同的提案，并且通过比较两套提案相应的预测结果来决定采用哪一个提案。这么做没有任何意义。你先编造出 A 提案的数据，然后再编造出 B 提案的，最后你发现 B 的数值比 A 的高，所以你选择了 B，但是 B 的数值之所以高，是因为你就是那么编的！这些数据都不是真实的。

当然，通常会由两个不同的团队提出两种不同的提案。一个团队编造了一组数据，另一个团队则编造了另一组数据。两个团队都预测出了很高的利润。此时，我们该如何选择呢？肯定不能依据数据来选择。争论哪个提案编造的数据更高毫无意义。

我们确实需要适当参考预测来实施战略构想，但是否要先实施战略构想，预测并不是起决定作用的最佳依据。那么你该如何选择？创造性战略的步骤告诉了我们答案。战略构想的强弱取决于你最初形成这一思想时所结合的元素的强弱。如果我能证明，在一定程度上，我所结合的五个元素中的每一个元素对于一个人的成功都至关重要，而且这些因素共同解决了一个与我们当前面临的问题很类似的难题，那么就可以证明我的战略构想很强大。如果我只能证明五个元素中的三个，或者这些元素与我们当前的问题并无关联，那么你就不应该相信我的构想。

但是，如果你赞成这个构想，那么我从过去的元素中选取并用到我的案例中的数据就是这个计划的开始。现在我们投入成本、收入、人力、利润去实现这一构想能预测到的最远的未来。我们要时刻提醒自己，我们是在编造这些关于未来的数据。这就意味着我们需要经常修改它们，因为随着计划的不断推进，每周、每月、每年都会出现真实的数据，我们要根据真实的数据不断修改那些编造的数据。

一旦你开始实施你的创意组合，真正艰苦的工作就开始了。爱迪生曾经说过："天才是 1% 的灵感和 99% 的汗水。"我认为他说得完全正确。他告诉了我们两件事：实现任何值得实践的想法都需要付出大量的努力——这就是汗水。但他也告诉我们，除此之外，我们还需要一个好创意——这就是灵感。没有灵感的汗水是浪费时间。创造性战略会给你那 1% 的灵感，剩下的 99% 就是你把自己的想法付诸行动的过程。

即使是在付诸行动的过程中，你也会遇到需要创造性战略来解决的问题。这个问题可能特别小，或者你可能没有足够的时间来完成创造性战略的所有步骤。在这种情况下，你可以自己或者与他人一起做小型寻宝活动。不管你有多少时间，都问问自己：如果不使用创造性战略，还有什么备选方案吗？还能用其他什么办法解决这个问题吗？

让我们来看看。有五种常见的解决问题的方法，分别是基准测试、咨询专家、质量控制、调查研究和头脑风暴。以下是其中的四种。

基准测试。在第 4 章中，我们看到，基准测试无法为你提供一个行业常规之外的有创意的想法，你也不可能把时间全都花费在对世界上每一个行业的每一家公司进行基准测试上。通常情况下，如果一个问题确实可以通过基准测试得到一个常规的解决方案，那么这么做是可以的。如果你想创新，那就试试小型寻宝游戏吧。

咨询专家。这也是一种基准测试，在这种测试里，一位专家或者一个专家团队会为你推荐你所在行业的最佳参考案例。同样，对于很多问题都可以这么做，问题控制也是如此。如果你有一个正在实施的项目，那么当出现问题时，你需要检查实施过程，以便找出偏差的可能成因。同样，这些方法也解决了许多普通问题，但并没有带来创新。

调查研究。这个方法很好，但取决于你怎么做。遇到困难问题，人们的普遍反应是“让我们做一些研究”。遗憾的是，人们常常用几十种方法去研究一个问题，但却不进行寻宝活动。有时一些寻宝活动常常与各种各样的信息，比如客户反馈和行业趋势等混杂在一起。除非你事先明确地将寻宝既作为一种单独的方法使用，也作为单独的结果来报告，否则你永远也不会发现能解决你的问题的创意组合。

头脑风暴。这是目前为止最常见的方法。当问题出现时，经常会有人说：“我们明天早上一起进行头脑风暴来寻找解决方案吧。”我们会在第9章中更深入地研究头脑风暴。目前，主要的问题是：头脑风暴是一个快速获得在座所有人的直接经验的好办法。同时，这个方法也可以解决许多普通的商业问题。但再次强调，这并不是创新。寻宝需要的不是这些人在公司里积累的直接经验，而是他们在公司外的其他经验。亨利·福特的工程师们可以一直进行头脑风暴，但除非有人曾经在屠宰场里工作过，否则他们永远不会想到移动的流水线。

用于解决问题的创造性战略也适用于不可预见的机遇。有时，你会发现一些现有的方法无法解决问题，但一种新的方式却改善了问题。苹果电脑公司在早期阶段就有这样的例子。乔布斯和他的搭档史蒂夫·沃兹尼亚克推出的第二代苹果电脑大获成功，这是世界上第一台价格便宜、体积小巧、易于使用的电脑。跟当年所有的电脑一样，这款电脑的屏幕也是绿色的。施乐公司是苹果公司的投资方之一，乔布斯也因此成了施乐公司的成员，所以他们能够接触到施乐公司的核心技术。在他们去施乐公司时，苹果公司的第三代苹果电脑实际上已经处于推行阶段了。施乐公司为他们展示了一个带有鼠标和图形用户界面（GUI）的大型计算机。乔布斯回到公司后，立刻改变了第三代苹果电脑的设计方向。他回到董事会，将在参观施乐公司时看到的鼠标和GUI与一台小型苹果电脑结合在了一起。就这样，苹果Mac机诞生了，计算机革命也因此进入了另一个全新的阶段。

乔布斯并不是去施乐公司解决问题，但是他在那里学到的东西却解决了一个他自己都不知道存在的问题：如何让他的小型电脑变得更加直观。乔布斯不是工程师；苹果公司早期的电脑是沃兹尼亚克造出来的。相反，乔布斯一直在持续不断地进行寻宝活动，为他的下一个创意组合寻找合适的元素。这就是他的工作，多年来他一直做得很好。

下面是另一个在推行过程中使用创造性战略的案例，或者可以说是没有使用创造性战略的案例。

2001年，唐纳德·沃什科维奇（Donald Washkewicz）成为派克汉尼芬（Parker Hannifin）有限公司的首席执行官，这家公司是复杂工业机器和设备零部件的主要生产商。唐纳德从1972年起就在派克公司工作。如今作为首席执行官，他参观了自己的各个工厂——115 个部门共有 225 家工厂。在参观其中一家工厂时，他突然产生了一个“灵感”：派克公司应该成为一个零售商。那时，派克公司在生产成本的基础上增加固定的百分比来为产品定价。实际上，派克公司应该根据市场的情况，按不同的百分比增加，就像零售一样。这是一种十分经典的灵感，与乔布斯在施乐公司获得的灵感或亨利·福特在屠宰场得到的灵感极为相似：在一个地方选取一个元素，然后运用到另一个地方。如果这个想法足够大，足够重要，你就会感觉它像是一种顿悟。沃什科维奇联想到了一个十分相似的例子：航空公司和球队在需求量最大的时候会提高座位的价格。

这是创意组合在商业中常见的一种方式——通过灵感而非创造性战略的正式步骤获得解决方案。两者都可以奏效。只是一个是你无法事先计划的，而另一个却可以。但即使是因为灵感闪现而意外完成了创意组合这一步骤，你也应该把创造性战略的其他步骤做好。派克公司的例子说明了原因。在沃什科维奇有了那个想法后，他于 2001 年 10 月向员工们公布了他的想法，即任命一位新的定价副总裁，并且聘用一支庞大的外部顾问团队来完成所有的重新定价工作。员工们听了之后十分反感这个想法。沃什科维奇收集了很多反对意见，并据此列出了 50 条最常见的反对理由。如果哪个员工有这 50 条反对理由之外的新的反对意见，那么他愿意倾听；但如果员工的反对意见已经包含在这 50 条之内了，那他就不会再听了。

2003 年，第一批部门制定出了新的价格。派克公司的客户是零部件经销商，这些经销商从派克公司购买零部件后再转卖给设备制造商。新的价格一出，经销商们立马就开始抗议。派克公司怎么能在零部件成本没有变的情况下提高价格呢？抗议的呼声越来越大，以至于在 2005 年，派克公司不得不举办研讨会，向经销商解释如何以新的价格向制造商推销不同的零部件。

最终，这一事件圆满收尾。截至 2007 年，派克公司的营业收入、净收入和资本回报率的增长都远远高于同行。然而，这样的成功掩盖了一个问题。如果公司的财务回报之前就比较差，也许沃什科维奇会再三考虑并解决这个问题。然而，这个问题似乎正在等待时机，准备在公司薄弱的时刻出击。

问题是什么

让我们先看一下沃什科维奇的 50 个反对意见。这是处理异议的好方法吗？从创造性战略的角度来看，毫无疑问这是一个好点子。然而，沃什科维奇似乎并不打算进一步推进最初的想法使之变得更好。这个列举了 50 条反对意见的清单并没有消除异议，只是将异议引到了一个不会产生任何损害的地方。但我们还可以用另一种方法来看这个清单：将这 50 条反对意见看作派克公司需要解决的问题。沃什科维奇的想法彻底改变了派克公司的营销战略。这导致有无数个细节要完善。沃什科维奇应该对 50 条中的每一条都做出回应，并告诉提出该意见的人："你说得很对，这的确是个问题。你有什么办法解决它吗？"

然后，每个问题都会成为它自己的洞察矩阵的主题。或者为了整个想法，你可以先做一个矩阵，将问题列在左边栏的列表中。在这两种情况下，你是要在其他来源中进行广泛搜索元素的寻宝活动。而沃什科维奇已经有了丰富的搜索来源：根据需求定价的零售商。他很快发现，有无数个关于通常的零售，特别是根据需求定价的零售的成功案例，可以供派克公司学习和借鉴。

例如，50 条反对意见中有一条是：经销商十分厌恶这个做法。说得一点都没错，这的确是一个问题，那么我们应该怎么解决它呢？这才是对问题应有的反应。然而，派克公司在向客户解释战略之前，却对这些问题置之不理。从 2001 年到 2005 年，派克公司一直将这些问题搁置了四年。而客户在那几年很可能就去寻找其他供应商了。如果派克公司在 2001 年就完成一个矩阵，那么它很快就能找到解决客户问题的方法。毕竟，从宣布新零售战略的那一刻起，对公司而言，世界上最重要的人就是客户。可惜，沃什科维奇没有想到这一点。当然，他不可能做得面面俱到，但是他本可以从自己的员工那里寻找想法。如果你知道经销商是一个问题，那就让你的员工去寻找解决问题的方法。

我们不知道如果沃什科维奇想出好主意后，继续做更多的创意组合，派克公司会不会有更好的结果。在战略上，我们无法再次进行实验。但从创造性战略的角度来看，沃什科维奇在想出好主意之后就停止了创新。这一点实在是令人感到遗憾，因为倘若他能继续进行创新，他可能会创造出更好的结果。

由此看来，或许灵感在一个好的创意中只占百分之二：百分之一是好的开始，另一个百分之一是你解决问题的方法。

第 7 章

形成组织

在过去 10 年左右的时间里，越来越多的公司把注意力转向了创新。它们以各种各样的组织形式去努力实现创新。你可以找到首席创新官、创新委员会、创新基金、孵化器、温室以及其他许多新的机构或组织来刺激或支持新产品或商业理念。如果将这些机构或组织作为将不同来源的创意汇聚在一起的集散地，或者作为一个给创新带来关注、认可和支持的关键商业活动，都是很不错的。它们首先帮助人们获得创意，然后形成成功的组合。如果没有创造性战略，这些创新机构和组织就是在浪费时间，甚至会抑制创新。

创新点（Innovation Point）是一家专业的咨询公司，专门为公司提供典型的组织结构和运作程序供公司选择。让我们来看看这家公司的清单。

- **创业板**：顶级公司的内、外部高管审查主要的新举措，并给出建议；
- **创新委员会**：各部门的高级管理委员会定期开会，协调各个部门合力创新，并为创新制定激励制度；
- **跨群体解决方案团队**：来自不同单位的专家共同参与具体的创新项目；
- **思想领袖资源网**：正式或非正式地邀请外部专家参加公司根据需要或定期召开的会议；
- **开放创新网络**：与外部个人或组织建立正式或非正式的伙伴关系，致力于具体的创新项目；
- **实践社区**：建立内、外部正式或非正式的交流网络，在不同的领域和单位之间通过该社区对共同感兴趣的话题进行交流讨论；
- **孵化器**：独立的部门或部门内部的独立单位，其唯一的工作是进行创新并将其移交给运营部门或单位。

这家创新点公司非常清晰地列出了处于不同水平的组织的不同想法。我们很容易就会想象到列表中某些组织将自己持有的想法传输给另一些组织，经过改进、批准，然后再通过后者推广实施。但是，在改进时，条理不必十分清晰。创新点公司在每个正式层面的指导中都犯了一个很常见的错误——预先设立“标准”来判断哪些想法是值得追求或认可的。

我们无法预测我们应该用什么样的标准，因为越是好的创新，越会让你获得意外的收获，让你重新了解哪些标准才是重要的。如果你说一个创意必须“带来至少 500 万美元的新收入”，那么你如何应对一项能大幅削减成本但无法使收入增加的创新呢？或许你会将“削减至少 20% 的成本”加入之前的测量标准中，作为另一个标准使用。但这是否意味着一个创意必须同时满足这两个标准或者满足其中一个，抑或是二者都满足呢？假设一个创意使收入增加了 400 万美元，使成本降低了 10%，你会采用它吗？如果这个创意只是增加了 20% 的客户满意度，而没有增加收入或降低成本，那么你又如何选择？如果把这个也变成一个测量标准，那么你现在就已经有三个测量标准了。如果一直这么做，那么你就会把所有时间都花在辩论测量标准上，而不是创意上。

记住，所有的测量标准在某种程度上都是假的。它们基于你对未来的预测，而这种预测没有任何标准可依，因为你根本无法测量未来。所谓的关于创新理念的“测量标准”实际上只是将基于经验做出的猜测伪装成了真实的数据。但是，一定要让提出这个创意的人告诉你，启发他产生这一创意的点是什么。有关创新的提议应该遵循灵感矩阵的模式，它会告诉你该灵感来源的强弱以及它们在多大程度上适用于你面临的情况。这是判断创意优劣的最好方法。

这就涉及创新点的另一个错误，尽管这家公司所做的列表很清晰。一旦具备了所有的组织结构和程序，人们怎么还能产生创造性想法呢？创新点公司的做法是，像平常一样进行头脑风暴，但这不是创新点一家公司的错。众所周知，在创新世界里，头脑风暴无处不在，这样的错误极为常见。当然，创新点公司还是值得赞扬的，因为它出色地总结了组织方面的良好实践。但当涉及提出创意时，创新点公司并没有使用创造性战略。

一旦你把这些创新方法放在一起，它们的成败就取决于细节了。有千百种方式可以做好，但也有千百种方式可以毁掉它们。没有哪两家公司是完全相同的，所以你需要对所有这些方法进行调整，直到它们适用于你所面临的情况。要做到这一点，就要采用创造性战略。从快速评估开始：你认为这些方法到底能解决什么问题呢？如果你面临的问题也是“缺乏创新”，那么你要做的就是快速评估出阻碍你创新的因素。然后，你要进行有效范例搜索，从尝试过你认为你需要的方法的来源开始。在搜索有效范例时，一定要十分仔细；不能仅仅因为其他人使用过那个方法，就认为它对你也有价值。

收购也是一种常见的组织形式，但是没有被创新点公司列入其列表中。许多大公司通过收购小公司来创建创新型公司。这通常也是个好主意。但接下来会发生什么呢？在很多情况下，大公司会为新产品或新服务制定正式的程序和流程，而这些程序和流程恰恰会扼杀公司的创造力。这可能不是最重要的。当市场因缺乏这种创新而枯竭时，大公司只好寻找新的公司来收购，但实际上，它并没有解决问题。许多创业者和员工都非常重视创造力，一旦他们觉得自己被新的程序紧紧压制住，无法发挥创造力时，他们就会转身离开。这会使收购者陷入危机，因为收购者自己的员工并不能取代创业公司原有的员工。

所有这些都意味着，收购不应该是你创新的唯一方法。那不妨告诉创业者们，你正在研究正式程序，以便在收购后做进一步创新。如果你对正式程序并不了解，也许创业者可以帮助你建立一些，特别是如果你的组织没有建立起非常具有创业精神的文化时。

你的组织有一个比这些正式方法重要得多的特点，那就是对待彼此想法的方式。如果出于某种原因，你不能用创造性战略去创新或解决问题，那你至少要保持一种接受新想法的态度。这并不意味着要定期进行头脑风暴会议。它实际上意味着，当你周一早上冲进老板办公室，滔滔不绝地讲述周末你产生的新想法时，老板不会告诉你这个主意简直糟糕透顶了，你还是回去安心工作吧。众所周知，大多数灵感产生于大脑放松时。你的公司有办法捕捉这些想法吗？当然，你也不希望所有人整天都想挤进老板的办公室。

试试这个：反向头脑风暴。最好将其作为周例会进行——会议期间，参会者都只倾听上次会议中大家提出的想法。会议的目的只是为了听取对于各种想法更详尽的解释，而不是要对各种想法进行排名、投票、评论或最终确认。这些想法可以是关于任何事情，甚至是你并没有在做的事情。这是创新的特征：它不同于你现在所做的工作。会议不需要开太久，之后，不管是谁，只要对某个想法产生了兴趣，都可以与提出这个想法的人保持联系。例如，老板可能会要求你将你的想法写成正式的提案，但不要求你在反向头脑风暴会议之前写任何东西；演讲是有创意的，不是死板的，而且人们在以书面形式解释想法之前，通常需要先进行口头讨论。

在反向头脑风暴会议之外，你如何谈论自己的想法？任何组织的创新文化都始于走廊、咖啡厅或某个办公室里快速进行的非正式交谈。在这种情况下，最常听到的就是基于“彼此的想法”进行构建。然而，具体该怎么做？如果你告诉了我你对产品的想法，而我告诉你应该在它上面插上翅膀，并将它漆成粉色的，你会听从我的意见吗？如果你没有采纳我的意见——最终的产品没有翅膀，也没有漆成粉色——这就意味着你不愿意接受别人的想法吗？如果我是你的老板，你觉得如果你不为产品插上翅膀并将它漆成粉色，我就不会同意推出此款产品了吗？

如果我发现你的想法有问题，那我可以坦诚地告诉你吗？但你可能会认为我是在否决你的想法，尤其当我是你的老板时。你觉得那不是建议，而是批评。

如果两位同事一起讨论某个想法，很多可能的创新就会被扼杀在摇篮中。有些人知道如何基于彼此的想法进行构建，有些人则不知道。正确的方法是以非正式的形式，遵循创造性战略的步骤。你要问这个想法解决了什么问题。这个问题将被填在矩阵的顶端。如果你看到这个想法有问题，那这个想法就属于元素列。这些都是快速评估的步骤。如果你将翅膀和粉色元素添加到想法中来解释这个创意来源，那它就是一个矩阵列。如果没有来源，翅膀和粉色可能并不是一个好的提议。你可以拿出一张纸，画出矩阵，弄清楚你正在做什么。

许多人在基于彼此的想法构建创意时，正是遵循了这种方法。

毕竟，创造性战略只是人类大脑中正式化了的创造性想法。但这种与陌生人的深层次讨论并不常见。一个新的“网络研究”领域表明，你倾向于与你信任的人讨论创造性想法，而这反过来又依赖于三角互证。如果你们都认识第三个人，那你们就会更信任他。任何人都可以上在线论坛针对任何想法发表评论，但却无法建立起个人信任。相反，人们更鼓励联合项目和定期开会，以便了解彼此的工作和业绩，这将有助于每个人建立起自己的个人信任网。

GE 公司就进一步利用了公司的内部网络；当时 GE 公司在克罗顿维尔校园里使用了早期版本的洞察矩阵。每年，各个部门都要汇报自己的优势是什么，哪些地方需要帮助。然后，克罗顿维尔大学再根据优势互补的原则，将这些部门进行搭配。如果一个部门擅长某件事，在这方面有所欠缺的部门就会来请教，反之亦然。部门的表现评估依据包括该部门从另一个部门学到的东西，以及在过去的一年里教给另一个部门的东西。这一体系让有效范例搜索变得更容易，多亏了谁表现最好是有记录可查的，使之得以建立起了一个密集的个人网络，你可以信任他们，并与他们讨论你的创意。

另一个案例来自波音公司。过去 10 年里，波音公司在其庞大的生产系统中扩充了员工创新团队计划。最近，《华尔街日报》的一篇文章报道称，“从机械师到工程师，波音公司的员工团队由不同背景的员工组成，他们往往专注于飞机的某一个特定部分，比如厨房。”员工团队通常每周开一次会，通常有 7 到 10 个参会人员。这符合创新点列表中的“跨组解决方案团队”。这个会议并不是让相互不认识的人提出很多想法，而是让团队成员间形成紧密的联系，一起工作，想出少而精妙的创意。因此，波音公司的创新团队节省了大量的资金和时间，例如，当机身沿装配线向下移动时，帆布车轮保护套可以保护飞机轮胎。这为波音公司的每架飞机节省了 25 万美元的新轮胎费用。但是创新团队是如何得到这个想法的呢？

这个想法来自团队成员杰伊·道尔曼（Jay Dohrmann）。“道尔曼先生一年前就产生了这个想法。他是一个狂热的体育迷，当时他观看了一场摩托车比赛。比赛中，他注意到机组人员使用特殊的盖子来给轮胎加热，这样他们就能更好地将自己控制在自己的赛道里。”

我们赞赏创造性战略：从另一个来源选取一个重要先例，这个先例解决了你的问题中一个重要的元素。创新是一项社会活动，所以你应该组织公司帮助员工寻找各种各样的搭档。但是这种搭档的质量远比数量更重要。此外，你要组织创新，确保每个人都能理解创造性战略，帮助并引导他们从广泛的多个来源中进行创意组合。

第 8 章

不同的创新方法

创造性战略提供了一种创新方法，但你永远不会两次都遵循同样的方法。这是因为在某种程度上，每种情况都有所不同，每种创新也是如此。但我们可以按照大的分类，将一些重大的创新组合在一起，而在每个类别中，创新方法大致相同。本章阐述了将创造性战略应用于五种不同类型的创新问题时所采用的不同方法。

产品、服务和功能创新

商业中最常见的创新就是推出新产品和提供新服务。大多数公司将此称为“创新”。为了追求这种创新，你可以使用最简单的创造性战略。你的问题陈述是你正在寻找的产品和服务的类别，你面临的困难是该类别的产品和服务的所有特征是什么。然后，你在全世界搜寻与之匹配的现有产品和服务。

如果你不知道你想要什么样的产品和服务，那就从你所在的行业开始搜索。例如，如果你所在的公司是一家纸业公司，那你就在矩阵上记下“纸业的新产品和新服务”。在左边栏里什么都不要填。也就是说，不要把它分解开来。你搜寻的来源基本上是两个：纸业内和纸业外。也就是说，你的搜索范围很广。当发现有价值的案例时，你就可以使矩阵变得更具体，你可以在左边栏中填写你的发现解决了什么问题。然后，你还会不断地发现新的东西。最终，你会找到足够多的元素来解决足够多的问题，并且创造出新的产品和服务。

因为创造性战略反映了创新是如何发生的，所以我们在现有的实践中发现新的产品和服务并不奇怪。许多产品设计师经常使用创造性战略这种方法进行搜索、组合元素，但是却没有赋予这一方法正式的名称。然而，我们更常见的是一些承诺发明全新的产品和服务的误导性的创新方法。但成功的创新绝非如此。在下一章中，我们将进一步研究这些误导性的方法。

功能创新类似于新产品或新服务创新。其基本职能是营销、制造、分销、财务、研发等。你还可以在更具体的领域进行创新，比如建立一个特定的客户群体。与产品或服务创新一样，你的问题陈述仅仅是“在这个功能上进行创新”。要注意直接的基准测试，即在功能上复制行业领袖的方法，但这并不是创新的途径。你要在你的行业之外尽可能广泛地搜索，这才是功能创新的关键。

商业模式创新

商业中的第二种创新产生了一种新的产品和服务，这种新的产品和服务不同于你现在所做的产品和服务，它要求对你的组织进行大规模调整，这就是商业模式创新。相比产品和服务创新，这种更大规模的创新往往能带来更大的回报，但它们操作起来更复杂，也更不容易。一旦你了解并运用了创造性战略，最困难的部分就已经不是想法本身了，而是接下来会发生什么。尤其是在成功的大公司中，一种新的商业模式意味着大多数员工必须在某种程度上改变他们所做的事情。正如我们在上一章派克公司的例子中所讲的，这是组织变革过程中面临的最大问题。创造性战略可以帮助我们解决创造性问题（这是沃什科维奇所忽视的），但要实践一种新的商业模式，我们需要良好的管理能力和领导力，而不是更多的创意。

对于商业模式创新，可能要考虑以下这种方法，它允许持续不断地进行创新，这正是派克公司的“创意”中所缺少的。这种方法是由乐高公司的老板克里斯提·马贾（Christian Majgaard）提出来的，他带领乐高公司进入了计算机时代，使之成为创新的引领者。20 世纪 90 年代，该公司在两个方面较为保守：公司几十年来主导市场的产品较为单一；公司位于丹麦的偏远地区、宗教地区、农村地区，这也反映在了它的总部文化中。马贾把创新交给了一些背景不同的小团队，每个团队都是由了解乐高的年长的业内人士以及懂得计算机技术的圈外年轻人组成的。

业内人士认为，不应该把计算机技术应用到玩具中供孩子们玩乐，而圈外人士则认为乐高已经过时了。只有上文提到的混合团队才能消除这一差异。马贾解散了许多官僚性质的团队，只保留了那些费用在预算之内的团队。既然你已经了解了创造性战略，那你就不会惊讶于乐高公司所有的创新都是出自混合了业内外人士的团队。21 世纪初的金融危机几乎使乐高公司陷入瘫痪，但由于该公司对产品进行了创新，所以又重新恢复了适应数字时代的实力。

许多公司都采用了马贾的方法，混合业内外人士组成创新团队并赋予它较多的自由。但是乐高公司的案例给了我们一个附加角度，这种创新团队与企业文化存在鲜明的冲突。你的公司是否足够庞大并且成功了？如果是的话，即使不是在丹麦，你也可能遇到与乐高公司一样的问题。你的公司主题中包含其执行文化，它会告诉你做什么，怎么做。对于创新，你需要允许这些小团队拥有自己的创新文化，这种文化或许还无法让他们明白自己该做什么或者该怎么做。你必须认识到，这是两种不同的文化，一种是主导性的，另一种是必要的。像马贾一样，在创新文化产出结果之前，你必须保护创新文化不被执行文化所排斥。

另一个例子来自 IBM 公司。在 20 世纪 90 年代中期，IBM 公司新任首席执行官郭士纳将 IBM 的商业模式从一家专有硬件公司转变为一家综合性服务公司（通过采用创新战略，但这就是另一回事了)。然而，斗争永远不会结束。在 2000 年早期，郭士纳从一个月度报告中得知，由于会拉低季度业绩，某组织否决了一个很有前景的新的经营理念。这是一个常见的、由来已久的问题：创新对你的商业模式改变越大，它在盈利之前消耗的钱就可能越多。因此，郭士纳创建了一个新的组织，即新兴的商业组织，这个组织有自己的创新预算，每一次创新都由组织内的高级员工来进行。这让新的经营理念获得了更多的支持，也有更充足的时间发展和成长了。

有很多例子，比如乐高和 IBM 等公司，领导者使用新的组织形式来保护商业模式创新，使其免遭执行文化中的官僚和财务的挤压。另一些公司则遇到了相反的问题。它们推崇百花齐放，百家争鸣，却不知何时该适当予以约束。谷歌公司就出现了这种情况。谷歌公司因其最初的产品——搜索广告，收入在 21 世纪初获得迅速增长。公司鼓励员工刻苦研究他们选择的新项目，员工们也的确照做了。但是，2008 年 12 月，《华尔街日报》报道称，谷歌发现这个计划最终的结果非常令人失望，并计划大幅缩减新项目。

在实现盈利之前，创新应该持续多长时间？这个问题没有确切的答案。但创造性战略给了我们一些启示——首先我们应该明白什么样的创新才称得上是好的创新。在创新之前，我们要问问自己：这是基于创意组合的创新吗？这是一个非常高的标准。它会帮我们过滤掉那些不值得去做的创新项目，虽然剩下的项目不多，但都是值得一试的，同时也有更多的胜算。

创业创新

第三种创新是"创业创新"。这意味着你需要成立一家新公司来实施这个想法，这也是商业模式创新的另一面。对于大公司来说，改变商业模式困难太大，相比之下，创办一家新公司反而更容易。融资、招聘、运营——当你从零开始的时候，进度反而要比改变旧模式更快。但是，另一方面，你面临的风险也更大。一旦失败，就意味着公司倒闭，员工失业。

除了实施方面的这些差异外，创造性战略与商业模式创新和创业创新非常相似。如果你想开始一项新的业务，创造性战略可以为你提供帮助。但创业创新的想法往往是偶然发生的，当这一灵感产生时，创业者可能正在为一家大公司工作，此时他只能试图说服老板采纳他的想法。如果说服失败，他就只能辞职，然后开始自己的事业。

星巴克的起家就是一个很好的例子。一开始，星巴克在西雅图地区有六家高品质咖啡豆连锁店，后来其营销总监霍华德·舒尔茨（Howard Schultz）去意大利米兰参加了一场家居用品展。舒尔茨漫步在那座城市里，看到了许多咖啡吧，突然产生了一个灵感，他说："这个灵感如此直接、如此真实，简直让我激动到颤抖。我感觉星巴克应该借鉴意大利咖啡店的模式，成为咖啡连锁店，而不是咖啡豆连锁店。"当舒尔茨回到西雅图向老板讲述自己的想法时，他的老板拒绝了。最终，舒尔茨离开了这家公司，后来在老板退休时他买下了星巴克。

那天，当舒尔茨穿行在米兰的各大咖啡吧时，他就一直在琢磨那个想法。如果我们把他的思维看作一种创造性战略，我们就会看到他脑海中出现的前两个元素——西雅图高质量的咖啡豆连锁店和意大利的咖啡吧，然后据此填满剩下的矩阵。创业者的想法通常就是这样产生的。你不会一开始就说："让我创造一个创业的想法吧。"这个案例的重点在于，创造性战略不仅为我们提供了方法，也培养了我们开放的精神状态：它让我们对自己看到的、听到的一切事物都保持开放的思维，并将其视为可能的组合元素。

另一方面，有无数的创新由于没有形成完整的创新想法而被扼杀在摇篮中。有人或许想到了一个新的商业理念，却没有采取行动，因为他们不确定这一理念是否会生效。他们经常会为自己寻找借口："我承担不起风险"，或者"我没有勇气"，又或者是"我缺乏毅力"。这些都是可能的因素，但更有可能的是你的创新想法还不够完整，我们将其称为部分顿悟。你的脑海中出现了两三个元素，这些元素让你发现了一个新的业务。但你马上又会发现，在这个新业务中，有三四个大问题你不知道该怎么解决。诚然，人人都会遇到自己无法给出解决方案的难题，但是我们可以尝试一些创造性战略，而不是因此就止步不前。你可以做一个矩阵，将你能够预见的问题填入矩阵的行中。在搜索中，你可能会发现一个不仅知道如何解决这些问题，而且特别想参与进来的人。或许你真的需要一个能让你的想法变得更好的搭档。

社会企业创新

然而，另一种创新主要是为了解决社会问题，通常由政府机构或非政府组织（NGOS）实施，但有时也由营利组织实施，我们称之为“社会企业创新”。这些都是建立新组织的创业理念。例如，孟加拉国的银行家穆罕默德·尤努斯（Muhammad Yunus）受灵感启发，建立了世界上第一家小额信贷银行——格拉米银行（Grameen Bank）。至于现有组织的创新，我想举一个政府机构创新的例子来说明，要知道政府创新通常是最难的。

与大多数大城市的政府一样，纽约市政府也是一个复杂的官僚机构，它是在过去几十年里由一系列不同的行政部门演变而来的。纽约市的市长迈克尔·布隆伯格（Michael Bloomberg）是一名商人，连任了三届，他明确表示要促进各市政机构的创新。纽约市小企业服务部商业发展部副主任凯文·凯利（Kevin Kelly）为我们提供了一个创造性战略的案例。2005 年，纽约市开始精简“建立、运营、扩大”企业时必须遵循的步骤。当时在大多数情况下，企业必须到十几个不同的机构填写各种不同的表格。凯利将这个问题分解为一个个元素，然后寻找先例来一一解决。

他找的第一个先例是在线商务，即把所有的东西都放到网上，使企业省去了到多个政府机构办事的麻烦。那时，世界各地的许多政府机构都已经开始将它们的程序放到网上，从下载表格、提交申请到为许可证支付费用，企业都可以在线完成。最有价值的一个先例就是很多网站都有自己的“向导”，比如易趣网（eBay）的卖家工具向导。凯利模仿这一先例建立了一个“需求向导”，由一些简单易懂的问题组成，而这些问题的答案汇集成了一份根据每个业务的具体情况自定义的政府要求清单，这样每家企业就可以确切地知道它需要做些什么才能符合政府机构的要求。

接下来，凯利将目光转向了针对同一业务向多家代理机构重复提交申请的问题要素。这一想法源于美国大学入学申请系统，其中较为成功的先例是美国大学的通用申请系统（Common Application），有近 500 所大学在使用该系统。申请人只需要填写一次申请表主表，约占整个申请表的 80%，该申请表最终会被发送到申请人申请的所有大学。剩余的 20% 由各所大学设置的个性化问题组成。对于凯利而言，这意味着针对一项业务用户只需要填写一次基本信息，这些信息就会被发送到各个代理机构的系统中。

对于另一个问题要素，各个代理机构的系统通常会包含一切可能的情况，因此即使对于大多数问题的回答是“不适用”，作答者也必须一一填写，一张表单往往需要很长时间才能填完。为此，凯利参考了 Turbo Tax 报税软件这一先例。为了使纽约市商务快捷入口（NYC Business Express Common Intake）这一系统更便于用户使用，该报税软件会预先对用户的需求进行询问，因此用户只需要查阅表单上与他相关的部分即可。

其中最大的问题要素是基础技术以及诸如各个机构拥有自己独立的数据库、使用各种年限不同的硬件和软件、彼此间存在不同程度的连接等实际情况。大多数人以及一些技术专家认为，所有这些单独的数据库都应该用一个新的数据库来代替。凯利知道建立一个新的数据库需要花费大量的时间，过程也十分复杂，而且花费的钱比他原本应该花费的要多得多。

后来有一天，他从自助取款机里取钱时，忽然停了下来，一直盯着屏幕上显示的所有选项看。他知道，在合并了一系列小银行之后，正为他提供服务的这家银行现在已经非常庞大了。他知道，在这个合并后的银行系统中，每一家小银行都有自己独立的系统和数据库。他的支票账户、储蓄账户、个人退休金账户（IRA）、定期存款（CD）分别在四个不同的系统里。没有一个数据库包含他所有的账户和服务信息。自助取款机屏幕只是每个系统的门户。

凯利认为纽约市商务快捷向导（NYC Business Express）也应该做同样的事情——与每个城市机构的数据库交互，就像自助取款机与其背后的多个银行数据库交互一样。当你在屏幕上申请许可证并付款时，它只会将记录发送给这个城市机构，同时将钱汇给这个城市机构。请注意，这并不是整体问题的变化，而是一个问题元素的变化：从“协调数据库”转变为“与数据库交互”。这一改变对解决方案产生了重大的影响。正如我们在凯利案例中所看到的，元素往往会在你发现一个好的先例时出现变化，而不是在那之前。

在这种情况下，创新并没有破坏几个政府机构正在做的事情，而且凯利知道这是唯一可行的方法。不过，有时一项创新确实会打乱社会机构的工作。最近的一个案例来自少年司法领域。从 2005 年起，美国佛罗里达州的一个家庭基金会请林恩·埃尔斯沃思（Lynn

Ellsworth）对他们的狱后安置资金项目进行了评估。这是一项社会工作，旨在帮助走出监狱的孩子重新融入社会；最重要的是，要保证这些孩子不会因为犯法而再次被捕。降低累犯率，也就是减少重新被捕入狱的孩子人数，是这一领域成功的关键。

埃尔斯沃思对此做了快速评估和有效范例搜索后，发现了一个令人不安的结果：狱后安置资金根本不起作用。非营利性机构一直在努力，但孩子们还是会再次被捕入狱。经过研究，她在少年司法领域找到了一些没有狱后安置资金的项目，这些项目使累犯率变得非常低，成本也要低得多。在美国，超过 90% 的孩子是因非暴力犯罪入狱的，而那些成功的项目会对孩子们进行“分流”，在狱外为他们提供治疗、恢复和康复等帮助，使他们免于牢狱之灾。孩子们在监狱外“服了刑”，之后就不再惹麻烦了。最后，埃尔斯沃思并没有提出一个创意组合，而是列出了成功的项目，以便不同的机构可以根据自己的情况选择需要的组合。

资助狱后安置项目的家庭基金会对此表现出极大的勇气，它们接受了这一改变，从资助狱后安置项目转向了促进分流。但对于少年司法领域来说，这是一条漫长而艰难的道路。狱后安置机构要一直与需要帮助的孩子一起努力。这是一件好事，不是吗？毕竟，许多人选择社会部门就是为了帮助他人。对许多社会机构而言，创造性战略中务实的创新观点往往比乐高公司在丹麦农村的年轻电脑专家们还陌生。

在商业和社会领域，创新的另一个不同之处在于，如何测量哪些创新是有效的。在商业领域，市场奖励有效创新，惩罚无效创新；但在社会部门，即使一个创新项目无效，这个项目也可以继续得到充足的资金。因此，社会部门极其依赖正式的评估，以此来确定创新是否有效。在对社会创新进行有效范例搜索前，先对你的问题进行各方面的评估。

一些领域有元评价，可以据此审核该领域中的一整套评价。对于我们来说，这是一个额外的帮助。但要注意那些过于依赖统计数据的元评价；一旦你汇总了许多社会项目，这些项目的本地因素就会有所不同，以至于大多数统计数据都忽略了每个项目的重要因素。评价和元评价引导你将那些值得参考的项目作为来源，通过正常的有效范例搜索方式做进一步研究。

个人战略创新

最后一种创新是个人战略创新。有时，你需要在个人生活中进行创新。很可能你想不出一个全新的创新，但从某种程度上来看，适合你生活的组合确实是独一无二的。就像没有哪两家公司有相同的特点或者面临同样的情况，你现在也必须找到一种适合你的战略。创造性战略就是这样运作的。你可以在特定的时间点找到特定的战略。

个人战略创新是最难的，因为它是个性化的。只有消除了各种情感障碍，你才能更了解你的问题，更加冷静地看待它，更好地分解它，识别它的来源，并找出它的组合元素。人性就是，每当你进行一步，它就会告诉你错误是由别人的性格或敌意造成的，是你无法控制的，或者是你无法改变的过去的事件。遇到这些障碍也是很正常的。你可以做些什么来改变它。或许有人认为，即使付出努力也没有希望好转，但我们还是要沉着冷静地遵循创造性战略的步骤一步步地进行下去。

从迈出第一步起，最难的就是找到来源。你面临的问题可能并不是你独有的，而是具有普遍性的，在某个地方的某些人也面临着同样的问题。对于个人问题，很难找到适合的先例。所幸互联网和社交媒体让此事变得简单了不少。记住，当你搜索的时候，你并不是在寻求意见或同情，而是在寻求成功。你要找一个曾经解决了你正面临的问题的人。

某种程度上，所有的创新都是个性化的。一个创意总会在某种程度上改变你的生活，改变你在组织中的位置以及他人对你的看法。不是每个人都希望你获得成功。每一个创新都伴随着竞争和妒忌。新思想可能会引发潜在的冲突，从而助长思维障碍，阻止人们将最初的创造性思维继续下去。“不要冒险”始于“思维不要冒进”，这种念头会导致你根本无法产生新的想法。

在这种情况下，个人创新最重要的技能是思维方式。创造性思维是各种创新的关键原理，你必须具备正确的思维方式。即使你目前没有遇到任何特别的问题，也要不断研究任何你读到的、看到的、听到的有效范例以及你所做的效果良好的事。你要将它们都存入大脑中。你可以让你的大脑重新组合一些你曾考虑过的元素，这些元素可能不够强大，不足以激励你去这么做。但只要对其中一个进行组合，其他的就都不难了。

如果遇到一些成果不理想的工作，你肯定会研究其中的原因，但不要在上面花太多时间。你可以研究一百万个成果不理想的先例，但它们仍然无法告诉你怎样做才能起效。相反，你可以试着在失败的先例中找出是哪个元素导致了先例间产生了显著的区别。在这些先例中，是哪一步出错了？还是丢失了一些关键环节？这些先例是否漏掉了什么？比如，它漏掉了一个元素。所以，如果你能想出一个更好的组合，那么最后的成果可能会有所改善。当然，这并不是测试——你无法重复进行这个实验，但它对于培养正确的思维方式是一种很好的锻炼，可以训练你的大脑不断地寻找成功的元素和组合。

这种思维方式有一个额外的好处，那就是有益于身心健康。尤其是如果你正好处于一个备受压力的行业中，那么这种思维将会使你受益无穷。研究表明，如果你在某个国家有一份专业的工作，那么这种思维将十分有用。现代的医学、营养学和卫生条件已经使人类远离了大多数疾病，除了那些过劳和担忧导致的疾病。

作为一种心智训练，创造性战略有助于减少人们的压力。这是因为所有的压力都由压力和焦虑两个部分组成。这两者都能促使你的大脑中产生荷尔蒙。压力促使人体释放肾上腺素，这在某种程度上有好处；随后，你的心率就会上升，你就会有更多的能量完成更多的工作。当然，如果肾上腺素释放的量太大，持续释放的时间太长，就会对人体造成伤害，但释放适量的肾上腺素对人们是有好处的。焦虑促使人体内释放皮质醇。这不是什么好事。皮质醇太多会破坏你的健康，阻碍你回忆以前的事情，让你更加难以思考自己的问题，因为你的大脑不能又快又好地从记忆书架的所有元素中抽取东西。创造性战略通过减压来降低皮质醇的量。这对我们而言是非常有益的。

所有的负面情绪都是焦虑的一种表现形式，而焦虑是因为你过去或将来得不到自己想要的结果而产生的。过去发生的事情让你感到心烦意乱，或者你预见到了将来会让你心烦的事情。你可能认为你担心的是“现在”，而不是未来；例如，你对目前的工作很不满意。再仔细想想，你感到焦虑，可能是因为你对自己在接下来的一小时、一天、一周、一年或十年后的工作都感到非常不满意。这么看来，你实际上担心的是你的未来。如果你预见到未来的问题，或者对自己的过去感到遗憾，担心它太过糟糕而对健康不利，就请试着使用创造性战略吧。

当你产生消极情绪时，问问自己：是什么让你如此消极？这个问题并不好回答。但你想知道答案就意味着你在思考，而不是一味地在担心，这会立刻减小你的压力。一旦你明白了问题是什么，你就可以通过矩阵来解决它。思维练习也能减小压力。你很可能到最后都无法找到解决方案。在这种情况下，你就是到了最艰难的一步了，立刻放手吧。不必担心。你已经尽了自己最大的努力来解决它，所以也应该接受自己无能为力的事。

有时候，它并不是那么清晰明了——虽然你没有找到一个好的解决方案，但是你担心的未来离现在还很遥远，你有足够的时间去继续寻找。所以，你可以停止正式搜索，但要保持非正式搜索，让你的大脑继续吸收新的元素和新的组合，这可能有助于在某种程度上解决这个问题。关键是你要把烦恼变成搜索或接受。

为锻炼自己、促进组织发展而培养正确的思维是最难的创新。它需要借助个人的欲望和意志力来实现。这不是老板下达了指令员工就可以做到的事。但是作为老板，你应该尽量少给员工施压，而是要鼓励他们多思考，提出好想法，永远不要将你的负面情绪强加于他们。相反，你应该通过以上步骤来引导他们。在管理中也是一样。工作中，正确的思维可以训练你为每个人的利益控制好自己的情绪。这是一个关键的来源，可以为我们带来好的创意和健康美好的生活。

CREATIVE STRATEGY

A Guide for Innovation

第二部分

来自外部的创造性战略

本书的第一部分已经为大家呈现了源于内部的创造性战略，第二部分则将为大家介绍来自外部的创造性战略。如果你的公司已经有了制定战略、实施计划、激发创意和进行创新的方法，那么创造性战略就属于外部方法了。要将它引入内部，就必须使它适应你现有的方法。做到这一点并不容易。

你现有的程序有正式的和非正式的，包括所有的习惯、惯例、框架、电子表格、会议，以及那些指导你、你的团队、你的公司将创意付诸行动的其他实践。第一部分中提到了一些其他的方法，并简要对比了创新战略与它们的不同之处；第二部分则将深入研究其他方法的主要细节，以展示这些方法是如何适应全部或部分创造性战略的。

在第二部分中，你会发现，许多不同的方法都需要进行类似的调整以便形成创造性战略。你可能会把第二部分当作一本单独的指南用书。我的建议是，你现在可以将这部分内容快速浏览一遍，当你发现有你需要的某种方法时，再深入阅读那一部分。因为有很多细节，你不可能全部都记住。所以，如果你在第二部分遇到了一种你想要使之适应创造性战略的特定方法，你就可以将该部分作为参考指南。

第 9 章

头脑风暴

在进行创新、激发创意和制定战略的方法中，最常见的错误就是依靠某种正式或非正式形式的头脑风暴来填补分析和计划之间的差距。即使是解决普通问题也需要遵循以下三个步骤：首先，进行分析；其次，通过头脑风暴产生解决方案；最后，将头脑风暴的最终成果转变为计划。许多方法并没有正式地说明这一点，而是在分析和计划之间留下了空白，需要人们启动头脑风暴来填补。

头脑风暴依赖于大脑右侧的自发创造力。多年来，这一观点似乎被认为是科学的。众所周知，由于对大脑半球研究的贡献，罗杰·斯佩里于 1981 年获得了诺贝尔奖。罗杰·斯佩里的研究结果表明：右脑擅长创造性的、艺术的、直观的思维和行动；左脑则侧重逻辑推理和分析。这个观点在商界和各种组织中十分盛行。几乎在任何情况下，你都可以把一个小组聚在一起，让他们关掉侧重逻辑性的左脑，打开创造性的右脑，即进行头脑风暴。

如今，头脑风暴可能是世界上使用最广泛的解决问题的方法了。头脑风暴会议怎么开，有无数个不确定之处，比如，在问题上花多长时间，能提出多少种想法，以及如何对这些想法进行排序、组合或投票。

然而，所有的解读都是错的，问题出在头脑风暴本身。人们严重地误解了头脑风暴这一方法。

首先，我们谈谈科学。正如我们之前提到的，自 2000 年以来，神经科学家已经不再认为大脑的两侧是以两种不同的方式在运作了，这得益于诺贝尔奖获得者埃里克·R. 坎德尔（Eric R. Kandel）在“学习和记忆”方面的研究——整个大脑如何接收信息、组织信息、存储信息，并将信息重组为分析型、创意型、情感型等各种形式的思维。他的研究表明大脑运作不分左右侧，分析和直觉并不是两种各自独立的思维模式。

回想一下自己的经历吧。你什么时候想到了最好的创意？大多数人会说洗澡、睡觉、起床、锻炼、走路、开车或者在其他大脑放松的时候。坎德尔等人的研究成果为我们提供了真相背后的科学依据：当大脑没有一个通常的组合可重组为新的组合时，它会对你的记忆进行缓慢而彻底的搜索，从而产生新的组合。但是，即使我们不了解大脑科学，我们也知道我们并不能在头脑风暴会议上得到最好的创意。然而，我们依然每周都进行头脑风暴。

既然我们都知道这是错误的，为什么还要坚持这么做？

第一个原因是惯性。你的大部分程序符合分析、头脑风暴和制订计划的基本顺序。你安排了时长为 X 的时间来进行分析，安排在 Y 日那天召开头脑风暴会议，然后你制订了天数为 Z 天的计划。所有这些都是基于你所在公司的惯例。你不能什么也不做，光是等着最好的创意在你淋浴时突然闪现在你的脑海之中。随机时间的随机见解不符合公司的日程安排。这是事实，但是创造性战略的正式方法为我们提供了一个解决方案：你将大量的时间用于寻宝活动，安排 Y 日那天召开创意组合会议，然后你有 Z 天的时间来完善你将要实行的计划。但是请注意，你必须彻底改变这一程序的三个步骤。如果你仍然以同样的方式进行分析，并以同样的方式实施计划，你就没有时间使用创造性战略了。为了获得想法，你所有的时间都只能用来进行头脑风暴了。

头脑风暴如此流行的第二个原因是它可以促进团队合作。它以组织的方式让人们倾听彼此的想法。很多人因为太忙或没耐心或过分以自我为中心，所以不想或不愿意开放心扉倾听同事尚未成型的想法。至少，头脑风暴会议会在那短短的几个小时内迫使所有参会人员倾听他人的想法。最好的情况是，你们的想法都是建立在彼此想法的基础之上的。这将有利于团队合作。但这是创新吗？在会议上，你只是将自己所有的想法都讲出来和大家一起分享，却并没有给出“最佳”的想法。因为最佳想法都是在其他地方、其他时间随机产生的。你也有可能提出一些不错的想法，对于大多数商业问题来说，这已经十分难得了，但这依然不是创新。

你可能会说要获得最佳想法很简单，就是要求人们在参会时将自己之前在大脑放松时产生的最佳想法分享出来即可。那当然是最好不过了。但是，如果你要这样做，那就请告诉他们，他们分享的想法必须是可以用于任何事情的，而不仅仅是用于解决公司目前面临的问题。因为头脑风暴会议会有一个常见的错误做法，那就是遵循“坚持主题”的规则，但创新通常又恰恰是偏离主题的。创新程度越大，离题越远。

这次会议收集的想法仍然来自随机时刻，没有明确的指南可以告诉人们这些想法具体来自哪里。所以，如果你想帮助其他人，那就告诉他们，让他们睁大眼睛去寻找其他地方的元素，寻找那些可以解决你们面临的问题中的部分问题，或者可以让你们重新思考整个问题的元素。一旦你告诉了他们这些，你们就离创造性战略非常近了。你已经告诉他们去寻宝了，只要加上洞察矩阵就可以了。既然你已经走了那么远，为什么不带领你的团队使用整套创造性战略走得更远呢？

进行头脑风暴的第三个原因是会议最终会达成协议。在大家说出各自的想法后，由团队来决定采纳哪些，以及如何使用。最后，大家达成一致，制订出一个计划。原则上，如果你是一名决策者，那么你就会对此投入更多。这是常有的事。头脑风暴，特别是在为了计划而非创新进行头脑风暴时大家提出的想法不会有太多的争议，而且在一个房间里一起制订计划效率是非常高的。例如，如果你们对“推出我们的新产品”进行头脑风暴，那么这明显不是创新。头脑风暴会议是一种让每个人都知道要采取哪些行动以及如何配合其他人的行动，然后以团队的形式完成这项计划的有效方法。

如果是为了创新而进行头脑风暴，那么强制协议可能会适得其反。推动者会告诉你要提出很多疯狂的想法。根据定义，你的疯狂想法是不现实的，其他人不会认可它。无论你的哪一个想法赢得了投票，很多人依旧认为它不是一个好主意。尽管会议上达成了协议，但是会议结束后，大多数人并不会真的为这个想法付出努力。由于缺乏真正的后续行动，这个协议早晚会以失败告终。

更糟糕的是，有时本应该是由个人做出决定的，而头脑风暴却促使整个团队做出了最终的决定。那么整个项目到底应该由谁来负责呢？有人说，当然是该团队来负责。这是一种（借助群体思维的）保守行动，而不是创新。大型组织尤其具有复杂的矩阵安排，例如，国家部门、产品部门以及公司的内部部门（如人力资源等部门）。所以，当一个问题涉及多个部门时，某个团队就会聚在一起进行头脑风暴。这个团队最终将达成集体协议。但是，除非有一个明确的负责人，否则这个团队就不会实现创新。记得乐高公司的马贾吗？他把混合了不同背景的人员放在一个团队里进行创新，但最终整个团队还是由他来负责。

头脑风暴如此流行的最后一个重要原因是，人们普遍认为，想法越多越好。例如，著名的科学家莱纳斯·鲍林（Linus Pauling）

说："要想获得一个好的创意，最好的方法就是先有很多想法。"产生"很多想法"的实际顺序是你先得到一个想法，再得到另一个想法，然后再得到一个想法，以此类推。但是我们应该停下来问一问："你是如何得到第一个想法的？"鲍林没有告诉我们。那么让我们来看看他自己是如何成功的。鲍林因"杂化轨道理论"（hybrid orbital theory）方面的研究而获得了诺贝尔化学奖，该研究将海特勒（Walter Heinrich Heitler）①和F. W. 伦敦（F. W. London）的价键理论成果与路易·维克多·德布罗意（Louis Victor de Broglie）②和斯莱特③在量子物理学方面的物质波理论及斯莱特行列式等成果融合在一起，鲍林在"杂化轨道"中的创新实际上是他人之前的研究成果的混合体，也就是所谓的创造性战略。

---

① 海特勒（Walter Heinrich Heitler，1904—1981），德国物理学家。1927年与F.W. 伦敦首先用量子力学处理氢分子，解释了氢分子中共价键的实质问题，为化学键的价键理论提供了理论基础，开创了量子化学这门学科。

② 路易·维克多·德布罗意（Louis Victor de Broglie，1892—1987）：出生于迪耶普，法国理论物理学家，波动力学的创始人，物质波理论的创立者，量子力学的奠基人之一。

③ 斯莱特（John C. Slater，1900—1976），主要贡献：斯莱特行列式，是多电子体系波函数的一种表达方式。

第 10 章

贝恩咨询公司的十大管理方法

贝恩咨询公司是一家全球领先的战略咨询公司，每年都会在各行各业间和全球范围内开展关于业务管理工具的调查。我们就从这儿开始。我在下面列出了该公司自 2011 年以来使用率排名前十的方法。我想解释为什么创造性战略比这十种流行的方法更有利于创新。我并不是要批评贝恩公司，恰恰相反，我要称赞这家公司，它在发现和总结企业的实际业务方面做得很好。以下是排名前十的方法：

- 基准测试；
- 战略规划；

- 使命和愿景陈述；
- 客户关系管理；
- 外包；
- 平衡计分卡；
- 变更管理程序；
- 核心竞争力；
- 战略联盟；
- 客户细分。

从上述排名可以看出，“创意”和“创新”并没有被包含其中。但是众所周知，大多数大公司一贯声称创意和创新是它们优先考虑的方法。例如，波士顿咨询公司（BCG）在其 2010 年的全球创新调查报告称，72% 的受访公司认为创新是“重中之重”。既然如此，为什么创新没有出现在贝恩公司的名单上呢？其实很简单，原因有二：一是大多数公司把创意和创新看作专门部门的职能，比如研发部门或产品设计部门，而不是整个公司使用的方法；二是它们试图采用的方法已经包含在贝恩的名单上了，例如利用战略规划引领创新。

可悲的是，这两种做法给我们带来了很多麻烦。如果你仅仅把创意和创新作为某些部门而不是整个公司的工作，那么你就会面临三个问题。首先，你错失了可以改变整个公司进程的重大创新。其次，你使得其他部门，比如运营部或财务部由于缺乏这两者而错失了创新机会。最后，你让创意部门（研发部或产品设计部）各想各的创新方法。然而，正如我们在前文中看到的，他们想出来的方法往往存在巨大的缺陷。

期待贝恩公司排名前十的方法能带来创新只是一种一厢情愿的想法。这些方法能在多大程度上培养创新，就能在多大程度上阻碍创新。让我们根据列表，逐一来寻找原因吧。

基准测试

从第 4 章中可知，正式的基准测试是实施过程的一部分，而不是创新的一部分。这有助于你在你所处的领域保持竞争力。对于创新，一旦你有了新的创意，就可以通过基准测试来确定你在操作技术上的最新情况，从而将这个想法付诸实践。创造性战略的寻宝活动需要在你的行业内外进行广泛的搜索。如果你对每个来源都进行正式的基准测试，那么你将不得不耗费所有的时间去处理数据，而没有时间进行搜索和思考。基准测试的核心理念是在别处寻找解决方案，这一点非常可贵。在战略上进行基准测试的创新方法就是使用洞察矩阵。

战略规划

贝恩公司告诉我们，战略规划“帮助公司决定重点项目、竞争对手以及资源分配”。贝恩公司在帮助客户制定战略规划时，特别注意“将长期视角融入客户的战略中，同时专注于客户目前面临的重大事项以及获得结果的最佳方式”。这些都是非常普遍的指导方针，它们与创造性战略并不冲突。问题通常出现在公司从“重大事项”转到“获得结果的最佳方式”上的时候：公司到底该如何从一个转到另一个？

“事项”对应问题，“结果”对应解决方案。在战略规划领域，有很多方法可以从问题转到结果。可惜的是，大多数方法都没有使用创造性战略。

最流行的战略规划方法是从战略分析的某个框架开始的。需要注意的是，分析并不能让你形成关于战略的想法。它只是帮助你了解你目前的状况，找到你面临的“问题”。但是，你如何才能进展到下一步呢？你怎样才能知道你应该做些什么来解决这个问题呢？通常的答案是进行头脑风暴。也就是一群人进入某个房间，提出一大堆想法。总之，战略分析的框架本身并没有告诉你该做什么。

战略分析的框架并没有什么错，它只是帮助你了解你的问题，但是如果你在这个阶段花费了过多的精力，你就没有时间进行创造性战略的寻宝活动。你应该遵循你的分析，而不是盲目地进行头脑风暴。

最受欢迎的战略规划是通过某种资源规划来实现的。也就是说，一旦你有了想法，就需要制订实施计划。进行资源规划的方式也很重要。回想一下，创造性战略告诉了你计划的源起——你发现并组合起来的元素。如果你不从这里开始，那么你还可以从哪里开始呢？糟糕的是，大多数资源规划只是使用前几年的模板或计划者的判断，这些通常来自他们自己的直接经验，而不是通过广泛搜索得来的。如果你的战略思想和你之前的做法非常相似，那么这种资源规划就能奏效。但如果你的想法是一种创新的想法，那么这些资源很可能就过于单薄了。

总之，创新战略本身就是一种战略规划方法。要想使用它，你就必须舍弃或至少改变你目前的战略分析、头脑风暴和资源规划的方法。你要在战略规划程序中尽早使用洞察矩阵。

使命和愿景陈述

对这一工具，贝恩公司给出了明确的定义："使命和愿景陈述是公司向员工和其他利益相关者宣布的公司作为组织所设立的业务目标和描述的业务愿望。合理的使命和愿景是构建战略的第一步，它将帮助客户开发出能够充分发挥其潜力的战略。"这种错误很常见。因为在现实中，任何任务和愿景都需要战略来协助实现。否则，你的使命和愿景必定是不切实际的，或者是模糊的。这样的使命和愿景是毫无意义的。

首先，创造性战略将告诉你该怎么做。之后，它的长期影响就变成了你的使命和愿景，然后，你再将其以声明的形式向员工和其他利益相关者宣布。注意，声明本身并不是战略的开始。

我们仔细分析一下这个错误。公司通常都有自己的使命和愿景。在制定战略的时候，大多数方法都以使命和愿景为前提。于是就产生了两个问题。第一，如果你的战略方法激发出了大胆的创意，那这一战略方法可能会改变公司的使命和愿景。例如，在 20 世纪 90 年代早期，IBM 公司就明确表示，将成为一家私有硬件公司作为其使命和愿景。但是，路易斯·郭士纳彻底改变了公司的使命和愿景，转而将成为综合服务提供商作为其使命和愿景。当然，要做出这样的转变并不容易，而且这种巨大的转变也极少发生。但在开始制定战略方法时，你必须对各种可能性保持开放的心态。

第二，就是忘了自己最初的意图。回顾历史可以发现，有人曾经产生了一个有价值的经营理念，之后，这个理念变成了公司的使命和愿景。例如，郭士纳在运通公司工作的时候曾看到了 IBM 公司作为综合服务提供商的一个小案例。他到 IBM 公司上班的第一周，就参照那个例子成立了一个以同样方式运作的部门。这个案例赋予了他灵感，成为其新的公司使命和愿景的源起。

回顾并明确是什么让你产生了新的使命和愿景非常重要。有些人会在某个时刻组成新的创意组合。你想知道新的使命和愿景是否符合当前的情况。如果当前的情况并未发生改变，那你就无须更改你的使命和愿景。但是，如果当前的情况发生了巨大的变化，那么新的使命和愿景对于当前的情况就不再适用了，这样的话，你就面临着新的问题。你所面临的这个问题就是创造性战略的开始。

另一方面，有时使命和愿景陈述并没有那么重要。它们很普通而且含糊不清，即使对于激进的创新，它们也都适用。例如，郭士纳之前的使命宣言是“成为商业技术领域的世界领导者”，这一使命和愿景既适用于郭士纳继承发展的战略，又适用于他新开发的战略。在这种情况下，你可以暂且接受这样的使命和愿景，继续实施创造性战略。

各业务单位通常会在总部宣布任务和愿景后制定战略。各业务单位将此视为既定的任务，因为总部要求这么做。如前所述，如果任务和愿景的相关声明表述得含糊不清，那么也就不会产生什么问题。然而，如果表述非常具体，那么总部就应该告诉各业务单位，它们可以为自己制定一项战略，这个提议可能会改变整个公司的使命和愿景。也许，总部会否决业务单位的提议，但各单位必须有自由提议的权力。否则，总部将会扼杀掉有希望的创新。

实际上，创造性战略很少能够改变公司的使命和愿景。即使只有 1% 的机会，在你的战略规划开始的时候，你也不知道这 1% 是否存在。这就是为什么以使命和愿景为前提来开始战略规划是错误的。

客户关系管理

贝恩公司告诉我们，客户关系管理（CRM）是公司用来了解其客户群体并有针对性地快速响应客户需求的一个过程。客户关系管理为你提供来自客户和关于客户的有用数据流。如何使用这些数据流取决于你的目标。客户关系管理并不是一种创新的方法。它可以帮助你调整当前的客户战略，但是它不会为你提供新战略或新客户。你应该持续收集当前客户对当前产品和服务的反馈，然后对当前战略进行相应的调整。

对于创新或者战略的其他重大改变，客户关系管理有时会让你误入歧途。例如，客户焦点小组在现有产品和服务的转变方面做得很好，但在全新的产品和服务方面却做得很差。如果某样东西与顾客曾经使用的非常不同，那他们就无法很快地理解它，他们需要时间去理解。因此，客户试验更有利于创新。

另一个陷阱是，你认为客户关系管理系统会带来创新，因为客户会告诉你他们需要什么样的创新。大多数创新都是在客户看到后才发现那正是自己需要的。在那之前，他们对这些创新一无所知。客户关系管理可以改善当前的战略，但对创新没有帮助。

外包

在大多数情况下，外包与创新毫无关系。它是降低成本的一种方式。你的战略决定了你要外包什么。公司首先会外包其部分业务，但现在所有的业务，例如研发、人力资源和营销等也都可以外包。如果你进行创新，你的战略就会发生变化，你就得重新考虑外包。因此，外包与创造性战略并不冲突。

值得注意的是，人们常说，不应该外包自己的“核心竞争力”。而问题在于，很难确切地知道你的核心竞争力是什么，尤其是在任何特定时间内的核心竞争力。外包把功能置于你的核心之外，而兼并和收购（有时只是雇佣）却将这些功能引入进来。你可以也应该根据你的战略调整你的核心竞争力。因此，你的外包、兼并和收购也会随之发生变化。任何类似的僵化思维都会阻碍创新。我们将在讨论核心竞争力时探讨这个问题。

平衡计分卡

《平衡计分卡》是由罗伯特·卡普兰（Robert Kaplan）和大卫·诺顿（David Norton）合著的一本畅销书，它告诉我们不仅要监测财务数据，还要监测客户关系、内部运营、学习和发展。你设定了目标，并会测量这四个方面的进步。与客户管理系统和外包一样，这显然是一种提高绩效的方法，而不是创新。同样，只要你要求用平衡计分卡进行创新，它就可以与创造性战略相兼容。

另一方面，创造性战略可以为平衡计分卡提供帮助。对于计分卡的四个区域，你可以依次执行四个任务：（1）设置目标；（2）确定跟踪这些目标的措施；（3）设定使用这些方法的中间目标以达到最终目标；（4）制订实现这些目标的初步计划。我们可以把这四个任务看作一个典型的战略规划周期。当我们谈到第四项任务——制订一个初步计划时，我们就会面临经常遇到的那个问题：如何才能得到一个关于初步计划的想法？

卡普兰和诺顿告诉我们，制订计划“很大程度上是一个创造性的过程”。我们又回到了脑半球的古老模式：左脑主分析，右脑主创新。在实践中，平衡计分卡依赖于头脑风暴：一个团队聚在一起，提出大量的想法。其实，我们应该尝试“洞察矩阵”。你可能没有时间进行长期的寻宝活动，但即使是短暂的寻宝也比头脑风暴要好。

变更管理

变更管理与创新并存。创新的程度越大，你就越需要通过变更管理让更多的人从以前的工作中走出来，去做一些新的事情。变更管理有很多不同的方法，贝恩公司将它作为排名前十的方法之一。贝恩公司在其网站上的其他地方，给出了自己的变更管理方法。尽管包括贝恩的方法在内的所有流行的变更管理版本，相互间存在一些差异，但都有相同的基本元素。这些元素来自约翰·科特（John Kotter）1996 年的经典著作《领导变革》(*Leading Change*)。在此，我们将研究科特的原始方法，但是我们的结论也适用于其他流行的方法。

以下是科特提出的八大步骤：

- 树立紧迫感；
- 组建领导团队；
- 设计愿景战略；
- 沟通变革愿景；
- 授权赋能，按愿景行动；
- 积累短期胜利；
- 巩固成果，保持变革；
- 使成果制度化。

这个列表有问题吗？请看第三步——设计愿景战略。你要如何做到这一点？从创造性战略的角度来看，你需要明白自己想成为什么样的人。否则，你可能会因为一个无法拒绝的理由而抵制改变——现状比你的想法更好。那么，你如何想出一个值得你为之努力的“愿景”呢？科特并没有给出答案。他的整套方法是用于实现一个愿景的，并且他跳过了最初提出这一愿景的关键步骤。原则上，变更管理可以与创造性战略相匹配；你可以先用创造性战略提出一个想法，然后借助变更管理实现该想法。

然而，当我们研究其细节时会发现，科特的步骤与创造性战略的关键点是相互冲突的。我们从第一步开始研究。“紧迫感”有助于你想出一个有创意的点子吗？这个要视情况而定。如果高管们需要引领其他人进行创新，那么适当的紧迫感可以帮助他们赢得关注。但是，如果这些高管知道自己需要创新，也着手做了，那么此时立即将同样的紧迫感传达给整个组织可能还为时过早。因为在你没有好的解决方案之前，就将同样的紧迫感传达给整个组织，会让每个人都对面临的问题感到不安，这样不但不能领导变革，还会将事情变得更糟。当你有了希望员工执行的具体方案时，紧迫感才是最有效的。例如，如果你想让员工参与创新，紧迫感加上明确的指导可以帮助员工更好地参与进来。那些所谓的指导就是创造性战略的步骤。

科特接下来的两个步骤的顺序是错误的。第二步和第三步应该互换一下。在设计战略愿景之前组建一个强大的联盟是集体思考的方式。强大的联盟倾向于保护自身的利益，而不是为了产生可能改变战略的创造性想法，从而威胁到周围人的利益。创新意味着新的想法取代旧的想法，你需要一个新的联盟来帮你实现这一点。

一旦有了新想法（第三步），你就知道你需要什么样的联盟了（第二步）。

科特犯这种错误是因为他的方法是时代（20 世纪 90 年代中期）的产物。那时，高管们知道他们想做什么样的改变，他们想要计算机化，但他们手下的许多人反对这样做。计算机革命促使各家公司争相精简业务，并通过内部信息技术削减成本。迈克尔·哈默（Michael Hammer）和詹姆斯·钱皮（James Champy）1994 年出版的著作《企业再造》(*Reengineering the Corporation*：*A Manifesto for Business Revolution*）推动了这一趋势。

科特注意到，公司将再造工程视为一种机械运动，而不是对组织整体文化的变革。对于再造工程而言，科特的方法是有效的，因为对每家公司来说，答案基本上是一样的，而且你预先就知道它是什么。

对于每家公司而言，创新的效果都是不可预见的，也是不尽相同的。对于创新而言，科特的方法需要重新调整。你首先需要创造性战略，接下来再考虑其他因素。

核心竞争力

信息技术的进步也使得“核心竞争力”这一项出现在了贝恩公司的名单上。贝恩公司发现它们可以通过电子通信将它们的一些活动外包给成本更低的经济体。20 世纪 90 年代初，外包业务的增长促使企业开始考虑如何确定哪些活动适合公司自行开展，哪些活动可以外包。对于这个问题，加里·哈默尔（Gary Hamel）和 C.K. 普拉哈拉德（C.K.Prahalad）在他们合著的《竞争大未来》（*Competing for the Future*）一书中给出了答案。他们的建议是坚持你的核心竞争力。这些都是独一无二的优势，它使你比你的竞争对手更好。而在你与对手相似的地方，会让你比对手更出色。战略学者称其为公司的“资源型观点”。这个观点的最新版本提出了同一个问题——对于总部、部门或其他业务单位而言，哪些功能属于核心竞争力？

这个问题对于战略分析很重要：你要研究你的行业中所包含的一切功能，以及你的竞争对手和你的公司中包含的功能。核心竞争力可以将一家大公司变成拥有同样实力的一个个单位。由此可见，核心竞争力不是形成战略构想的方法。要形成战略构想，你需要创造性战略。一旦有了战略想法，你就会再次提出“核心”问题并将其作为计划的一部分：哪些是核心竞争力，哪些是外围功能？因此，核心竞争力的理念可以与创造性战略相兼容。

要注意，滥用核心竞争力会扼杀创新。如果你认为你应该始终坚持自己的核心竞争力，那么你就会忽略那些可以让你改变核心竞争力的创新。记得郭士纳刚到公司的时候，IBM 公司在专有硬件方面拥有压倒性的核心竞争力，而综合服务只是一个很小的、外围的功能。最终郭士纳彻底改变了 IBM 公司的核心竞争力。

有很多方法可以改变你的核心竞争力：外包、战略联盟、并购、招聘或培训。最重要的是，你应该明白，你的战略优势不是来自你的核心竞争力，而是来自适合你的情况的各个元素的组合。在每个元素中，你可能并不比竞争对手强。但是组合才是最重要的，你只要在组合中比竞争对手强就可以了。在你使用创造性战略的过程中，你应该对自己的核心竞争力保持开放的心态。让核心竞争力遵循你的战略，而不是领导战略。

战略联盟

贝恩公司清单上的这一项很大程度上反映了全球化的趋势；与其重新在一个新国家开始你的行动，不如与当地的公司建立战略联盟。当然，战略联盟的实践早在全球化繁荣之前就已经存在；它们只是公司之间为了某种特定目的，互相之间达成协议并联合起来形成的。就像外包一样，战略联盟也是战略的一部分。在特定的情况下，战略联盟可能是一个成功的创意，但也可能是一个失败的做法。战略联盟本身并不是一种创新的方法。因此，研究洞察矩阵的时候，战略联盟是要考察的来源。因此，战略联盟与创造性战略之间并不冲突。

然而，与外包一样，你要保持警惕，你的战略联盟应该补充而不是取代你的核心竞争力。你的核心竞争力会受其影响而发生改变，就像你的战略中的其他方面一样。如果在得到一个好的创意之前你就确定了自己的核心竞争力是什么以及你需要的战略联盟是谁，那么你就会抑制创新。因此，最好先充分了解你的创意，然后再决定你的核心竞争力和可能需要的战略联盟。

在贝恩公司的名单上，这一项完全属于战略分析。你在研究你的客户时，并不是将其看作一个单一的群体，而是会对其进行细分，这样你就可以为每一个细分的客户设计专门的战略了。这是一个打破市场的好方法，但与通常的战略分析一样，这种方法不会产生战略，也不会带来创新。你分析之后，接下来就该使用创造性战略了。你可能想要一个不同的问题陈述，这样每个客户细分就会对应不同的矩阵。记住，创新可以使全局发生改变。因此，当你的战略发生变化时，你可能需要重新进行客户细分。

到此为止，我们将贝恩公司目前使用的十大管理方法全部回顾了一遍。如果可以对其进行一些调整和说明，那我们就可以使这些方法都符合创造性战略的要求。如果没有这些调整和说明，它们就会抑制创新；而且在这十大方法中，没有一个方法可以带来创新。它们是用来分析或实施的方法。这些方法并没有产生有关创新的想法。因此，这些方法不能代替创造性战略。

第 11 章

创造性

贝恩公司清单中的前十种方法是一个很好的起点，它为我们提供了一些可能与创新策略相匹敌的方法。当然了，在整个商业领域，有几十个这样的方法是很正常的。本章将选取一些方法进行分析，这些方法主要分为两类："创造性"和"战略"。也就是说，有些方法可以帮助你想出创造性的想法，有些方法则会告诉你如何制定一个战略。

本章将介绍一些能够使人们想出"创造性"想法的方法，而在下一章我们会介绍"战略"的制定方法。由于各种方法都出现了相同的错误，所以这两章采用了相同的结构来介绍和分析这些方法。其中一些创造性方法旨在使你成为一个更有创造力的人，而另外一些则会逐步引导你设计创新。我将对创造性方法与创造性战略进行比较。

艺术

网上有来自世界各地的 TED 演讲视频。请上网观看肯·罗宾逊（Ken Robinson）的演讲视频。他的演讲会让你更加坚信，为了让孩子更具创造力，学校应该减少数学和科学课程，增加艺术课程。

然而，肯爵士犯了一个常见的错误：他将“艺术”和“创造性”混为一谈。实际上，二者完全不同。

当然，我们有很多理由去学习或通过练习让自己变得更有艺术气质。它们都与创新没有直接的联系。艺术可以使你成为一个更好的人，可以使世界变得更美好。但艺术家在创新方面并不一定比非艺术家更好。非艺术家可能更擅长艺术。对于创造性战略而言，艺术只是不同于运动、医学或航运等的另一个领域，你可以在那里寻找适合你当前问题的元素。

另一个方面，数学和科学比这些领域更容易找到组合需要的元素。数学能帮助你了解你的战略情况、你在寻宝过程中发现的元素以及组合元素的方法。艺术对此则无能为力。当然，数字本身无法给予你一个创造性的组合。同样，艺术也不能提供这样的组合。至于科学，我们坚信科学能助创新一臂之力。科学教你将事物分解成各个元素来加以分析，教你了解元素是如何运作的，以及如何寻找其他科学家做过的所有创造性战略的步骤。

肯爵士对艺术、数学、科学关系的描述，是从古至今极为常见的错误。有时，错误也会以文化冲突的形式出现。例如，你可能听说美国人更擅长创新，因为他们教孩子通过艺术和文学来表达自己；而亚洲人在创新方面则相对较差，因为他们的学校侧重于教孩子数学和科学而不是创造力。实际上，不论是教人获得知识的亚洲教学方式，还是让人保持思想自由的美国教学方式都有利于创新。第一种方法是给你东西，让你自己组合，第二种则是帮助你把东西组合起来。亚洲和美国一流的学校同时都在做这两件事。亚洲人在创新上的表现并不比美国人差。当然，亚洲公司现在正在模仿美国公司，但这是经济发展过程中的明智之举，并不是文化缺陷。美国人也曾在 19 世纪以同样的方式模仿过欧洲人。

但是，肯爵士提出了一个非常有意义的问题——如何教授创造力，虽然他的答案并不足以回答这个问题。艺术和创造不是一回事。这么多年来，你依然会看到有些公司的员工喜欢召开头脑风暴会议、创作贴画，或者在墙上涂鸦，他们希望通过这些方法让自己变得更有创造力。然而，这种情况正在减少，因为这些做法并没有起到什么实质性的作用。不过，这是一种创新精神，值得拿来反击许多人长期以来由于陋习而形成的狭隘观点。艺术可以随时随地通过多种表现形式发挥它的作用，让你尽可能通过各种方式感受艺术的魅力。

到你通常所处的领域之外进行广泛搜索、尝试那些还不存在的组合，这是艺术和科学的完美融合，非常有助于我们的学习。尽管教授人们这样做难度较大，但值得我们为之努力。

肯爵士还说，标准化测试，比如 SAT 或 IQ 测试，无法测量人们最重要的能力，即在面对新的情况和现实世界的问题时提出创造性的解决办法。这一点他是对的。

由于这种能力有悖测量标准或其他标准，所以世界上根本就没有测量创造力的测试。标准化测试是为了解决一个非常重大的问题：如何采用一种通用的、低成本的测量方式为场地有限的学术机构选择学生。这些测试不能测量人们的先天能力或智力。它们只是满足了一个特殊的实际需要，而在同样的成本条件下，这些方式优于其他方式。肯本人也没有提供替代方式。

在某一点上，肯爵士确实接近于承认了创造性战略的有效性。他在自己的畅销书《元素》（*The Element*）中，讲述了各种有创意的人的职业道路及其通过观察得出的道理："成长是通过类比、观察事物之间的联系而不是差异得来的。"当然，这本书中的洞察力故事表明，许多事情都是通过建立起事情、想法和环境之间的联系才变得明朗了。这与创造性组合的洞察力非常接近。感谢肯爵士为我们指点迷津。

合作

互联网引领了创新的"众包"热潮。有一种观点认为，在解决同一个问题时，多个人要好于一个人。而在互联网时代，我们比以往任何时候都更容易解决问题。我们可以在一些关于这个主题的畅销书中看到这个想法的多种版本。

史蒂文·约翰逊（Steven Johnson）在《伟大创意的诞生》（*Where Good Ideas Come from*）一书中告诉我们，创新来自大城市和互联网合作的环境，而不是灵感闪现的时刻。詹姆斯·索罗维基（James Surowiecki）的《群体的智慧》一书告诉我们，群体给出的答案要比专家做出的预测更准确，比如股票价格或选举结果。亨利·切斯布朗（Henry Chesbrough）在《开放式服务创新》（*Open Services Innovation*）一书中告诉我们，要想把一个封闭的研发公司转化为一个开放的互联网公司，该公司必须学习各个领域的专业知识。在学术方面，一些社会学家坚信托马斯·库恩（Thomas Kuhn）在其1962年的经典著作《科学革命的结构》（*The Structure of Scientific Revolution*）一书中的观点，他们相信最近的科学进步是由一群科学家在一种新的模式下共同努力得来的，而不是由一名科学家单独取得的突破。

两个脑袋比一个脑袋好使，乍一看这一点似乎没什么问题，就像10大于2一样。到目前为止，这与创造性战略并无冲突。但仅仅把人们聚集在一起，告诉他们要进行合作是不够的。如果他们用了错误的方法呢？如果这一合作本质上是一个大型的头脑风暴会议，那就大错特错了。我们要做的是让这些人贡献出他们洞察矩阵中的元素。当然了，关于这项工作的管理超出了它应有的难度。

约翰逊认为，合作促进创新，这一点是正确的。但他反对灵感闪现的观点是错误的。以史蒂夫·乔布斯和苹果Mac机为例。乔布斯没有发明任何电脑组件，但他有自己的想法：将沃兹尼亚克的小机器和施乐公司的图形用户界面以及鼠标组合在一起。一闪而过的灵感通常会将不同出处的多个元素结合起来。这是让多个人进行同一个创新的核心机制。库恩的《科学革命的结构》一书恰恰表明了其他科学家作为下一个范式所建立的关键突破。

索罗维基的"群体智慧"和切斯布朗的"开放式服务创新"其实很相似。如果有一个中央智力（个人或是团队）选择有效元素并进行组合，而这些元素来自群体贡献出的大量事物，那么这些概念就成立了。创造性战略可以跨越时空进行最广泛的搜索，让你体验他人的经验。你要的不是他们的想法，而是为他们带来效益的元素。搜索团队是本次合作的重要组成部分。

总之，合作和创造性战略是朋友而不是敌人。创造性战略提供了一种方法，合作将其付诸实践并产生创新。

竞争

在一次创新竞争中，你邀请了很多人，收集了他们的很多想法，让其他人进行评判。你可以称它为"意见箱"或者别的什么东西。评委们可能是高级管理人员、专家小组、在线人群，或者是一个大型会议的参会人员，他们从一个活动挂图走到另一个活动挂图，为他们最喜欢的想法投票。这种竞争能让人们对创新产生兴趣，甚至感到兴奋。但这对创造性战略而言，并不是一个好办法。

想想你自己的工作。如果你有一大堆报告或提议，或者其他需要在短时间内完成的文书工作，你很难称之为"创造性的工作"。你没有时间去认真思考你要判断的每一件物品。这意味着你要运用你的直觉。如果凭经验你觉得有价值，那就意味着你喜欢它。如果它超出了你的认知范围，你就会觉得它很奇怪，也不现实，因此，你就不会喜欢它。竞赛和意见箱最适合小的想法，这些想法很少被评判他们的人误解和反对。

龙潭

有些公司总是会采取一些常规的方法来破坏新想法。很可能会有高管团队当着你的面，用尖锐的问题来抨击你的想法；这种会议有时会以“狮窝”“虎穴”或“龙穴”等命名。或者这些高管团队会召开专门的小组会议来讨论如何否决提议，有时候，它们也会采取非常规方法。有些公司的文化会鼓励每个人去寻找任何新想法的漏洞。这个理论很简单：适者生存。严厉的批评会扼杀软弱的想法，让强者留存下来。

然而，这并不是达尔文的本意。“适者”并不意味着就是最大、最强、最坚韧的。这里的适者不是指每天在健身房撸铁的人，而是指与环境相适应的人。那么“适者生存”符合实际情况吗？根据达尔文的观点，自然杀死了许多庞大而强壮的物种，却使得许多弱小的物种存活了下来。例如，霸王龙灭绝了，蝴蝶却活下来了。

严厉的批评是一种思想选择的形式，它倾向于谁辩论得最好，而不是谁有最好的想法，这两者完全不同。为了让你的想法获得支持，你只能成为最能争辩的那个。这就意味着，你也会极力主张强制执行你的想法——为此，你需要的是恐龙，而不是蝴蝶。这仅仅意味着你的公司是按照丛林法则运作的，在那里，每个人都必须为所有的事情而战。这是一种病态的文化，而不是一种强大的文化。它足以扼杀掉好的想法。

更糟糕的是，这些苛刻的方法实际上是一种宗教裁判。记得西班牙宗教裁判的目的吗？就是根除异教徒。公司的严厉批评也是如此。它使每个人都符合传统的智慧——“我们的思维方式”，不管你知道与否。于是，你学会了用你认为与老板的想法相符的尖锐问题来取悦老板。严厉批评通常是基于专家的直觉，因为他们是房间里权力最大的人。正如我们所看到的，专家直觉并不是创新的方法。

龙潭首先起到过滤的作用：当出现许多想法时，它会筛选并保留其中少数较好的想法。当然，你不能接受员工提出的所有想法，但你至少应该都考虑一下。这意味着你要把创造性战略应用到新的想法上。你要求提议人以正式或非正式的方式将问题、元素、来源和先例填写在矩阵里。这不是批评，是指导。然后，你可以决定哪些人有资格参加审议会议。因此，这次会议不是在龙潭召开，而是在一间密室（就像冲洗照片的暗室一样隐秘）里进行的。在这场会议上，你努力推动创新进一步发展。会议之后，有的想法可能永远不会被提起，但至少你给了它一次被大家讨论的机会。

或者，在一定程度上，龙潭公司会赋予每一个部门创新的能力，并且在“龙潭”会议上讨论由一个部门单独承担的成本较高的项目。许多公司都在这么做，比如亚马逊公司。龙潭会议帮助部门领导想出如何将想法付诸实践的办法，比如成立一个试点。当然了，公司可能会为这个试点拨出额外的资金，也可能不会。在任何情况下，审议会议都应该努力去改善想法，而不是浇灭创新的火花。如果你真的这么做了，那么每个想法的缺陷就会变得清晰。你就不需要开会来解决这件事了。

客户洞察

至少在一定程度上，有几项创新方法是为了让客户能够对自己的创意产生“客户洞察”。因此，这个项目本身就值得关注。

客户洞察是很有帮助的。你应该尽可能多地去了解客户的行为和想法。这些信息可以帮助你了解你所面临的情况。然而，客户洞察很少直接引发创新性的想法，尤其是当某项创新尚未出现时，客户很难洞察这项创新。例如，如果你去问第二代苹果电脑的用户，他们会告诉你用图形用户界面和鼠标来代替绿色屏幕吗？当然不会。客户只能评论现有的产品和服务。

如果一种产品或服务与客户熟知的、正在使用的完全不同，那么客户往往在一开始不会喜欢它。为什么呢？因为客户已经习惯了旧的产品或服务，他们不想花时间学习如何使用新的产品。这就是最终成功的创新往往在早期焦点小组测试中表现不佳的原因。

如果客户洞察中包含了客户喜爱的另一种产品或服务的某个元素，那么这个先例就可以填入洞察矩阵中。它甚至可能是你的创意组合的关键部分。尽管客户洞察可以帮助你分析问题，但不能帮你找到解决方案。因此，你需要创造性战略。

设计思维

过去几年里，设计思维已经成了商业创新的一种常见方法。它最初产生于产品设计中，后来设计师们将这种方法推广到了商界，建议用这种方法解决各种商业问题。设计思维的一个流行版本源于最近的一本畅销书《商业模式新生代》（*Business Model generation*）。该书的作者亚历山大·奥斯特瓦尔德（Alexander Osterwalder）和伊夫·皮涅尔（Yves Pigneur）在书中写道，这本书是由 45 个国家的 470 名从业者共同成就的。因此，这本书对该领域当前的思想做了一个很好的总结。

这本书介绍了“设计领域的技术和工具，可以帮助你设计出更好、更有创意的商业模式”。其中有两个关键步骤：先是列出所有商业模式的九个“构建模块”，然后再使用设计领域的六种方法来填充这些模块。

下面列出的就是设计思维的九个模块：关键合作伙伴、关键活动、关键资源、价值主张、客户关系、渠道、客户细分、成本结构和收入流。你将它们应用于创造性战略后就会发现，这九大模块可以构成矩阵的左列，即我们所寻求的创新的片段。目前为止，一切进展得都很顺利。

以下是你用来填充模块的六种设计方法：客户洞察、创意构思、视觉化思考、原型制作、故事讲述和情景推测。现在我们有一点麻烦了。根据创造性战略，我们的下一步行动是寻宝。这六种设计方法完全可以告诉你其他的东西，汇总如下所示：

- 客户洞察＝客户的想法；
- 创意构思＝头脑风暴产生全新的创意；
- 可视化思考＝将想法转换成图像；
- 原型制作＝用你的初步想法建立一个快速简单的模型；
- 故事讲述＝讲述客户在该模式中的经历；
- 情景推测＝这种模式可能导致的各种情况。

在上文中，我们已经讨论过客户洞察了，而创意构思只是头脑风暴的另一种叫法。至于可视化思考，就是把你的想法转换成图像，但前提是你必须有这样的想法。首先，创意构思对你的想法没有什么帮助。可视化思考、原型制作、故事讲述、情景推测也一样，它们无法告诉你如何获得想法并对其进行原型制作，然后再当成一个故事讲出来，并且把这个想法放在不同的情景中考虑。

最重要的是，设计思维可以让设计师自己加入或领导创新团队来解决各种商业问题。毕竟创新是对一个新产品、服务或商业模式的设计，所以设计师当然能发挥至关重要的作用。然而，迄今为止，试图将设计方法正式化的尝试都是错误的。

事实上，优秀的设计师在设计自己的作品时就使用了某种创造性战略。他们是兼容并蓄的大师。如果设计师可以将同样的技能应用于商业问题，除了特有的视觉专长和客户意识，他们还将在任何创造性战略团队中发挥关键作用。

六西格玛设计

最近，在设计思想领域出现了一个新的转变：设计六西格玛或DFSS，这种方法在大型公司颇为流行。六西格玛是一种在生产过程中的每一步都要提高质量的程序。因此，为了产品本身的设计，DFSS 较早就采取了措施。它从客户之声开始，这是客户洞察的一种形式，源于通用设计思维方法。你收集客户洞察，然后根据客户洞察进行选择和组合，列出最重要的客户洞察。你将决定如何才能最大程度地满足客户对清单上的每一个项目的需求。

问题又来了：你如何确定什么最能满足客户对清单上特定项目的需求呢？你需要借助创造性战略来解决问题。有时候从客户的评论中就可以得出答案。比如，客户说手柄太小了，那你就想方设法做一个更大一点的手柄。对于检测产品设计的微小改变，这种检查表的效果非常好，但这并不适用于创新。因为即使第二代苹果电脑的用户说“我不喜欢绿色屏幕”，DFSS 也不会引导你去开发出“图形用户界面和鼠标”。只有通过搜索，就像乔布斯参观施乐公司那样，才能找到答案。

最好的情况是，DFSS 为你的产品列出了一个关于设计上微小改动的清单，但它并不会止步于此。接下来，DFSS 将详细描述完成每一项技术规范以及在每个步骤中可能出现质量问题的地方。然后，你提出解决这些质量问题的方案。我们再次遇到了同样的问题：你如何提出问题的解决方案？如果不去寻找创造性战略，你就会依赖于直接经验。直接经验对于许多问题是可行的，但它不是创新。

DFSS 的最终结果实际上是要在产品的生产过程中构建一系列动作，之后才开始常规的六西格玛。正如我们所看到的，在你为客户提出的问题或在生产过程中预见到的产品质量问题提出解决方案的关键阶段，DFSS 没有给出创新方法。在这两点上，你可以使用洞察矩阵进行创新，而不是利用你和客户的直接经验。

即使有了这样的改进，从创新的角度来看，整个 DFSS 方法也是有缺陷的。DFSS 开始于产品或产品创意，之后你就得到了客户洞察，但是 DFSS 并没有指导你如何先提出产品创意。因此，DFSS 适用于改善现有产品，但并不适用于超越现有产品、服务或商业模式的创新。

发散性思维

有没有人告诉过你要跳出固有的思维模式？这是发散性思维的一种形式：不要总是想你通常想的事物，想想别的东西。苹果公司的口号就体现了这一思维模式：不同凡想。创新需要发散性思维，通过发散性思维取得的结果往往不同于你通过固有思维所得到的结果。

那么，你认为应该如何正确地进行发散性思考呢？方法是什么呢？我知道如何用固有的模式进行思考，因为这是我平常的习惯。如果我要做一些不同的事情，我面对的将是一个充满各种可能的宇宙，没有任何人指导我应该如何选择。在头脑风暴中，你要尽可能多地列出你的想法，不管这个想法多么“疯狂”。如果这是发散性思维，那它很容易做到。但这对我们有什么好处吗?

问题是，发散性思维是反向的，它不是创新的开始，而是创新的结束。你的思考不是从打破常规开始的。你通过采用创造性战略的步骤，让一些东西从你目前的想法中“发散”出来。如果你想产生疯狂的想法，发散性思维是第一步，但它不是创新的方法。

我们可以理解人们想要“不同凡想”和“跳出固有模式去思考”的愿望。的确，当你陷入一种思维方式的时候，它并不会对你有什么帮助，你还需要思考其他事情。第一步，你要意识到你目前的想法是行不通的，所以你需要创新。这就需要镇静之态。为此，你要停止思考你正在想的事情，人们常常会这样做。“退一步”与“换方向”是截然不同的。在你“退一步”后，你要试着重新表述问题及其片段以便进行搜索。

搜索本身解决了如何跳出固有思维模式的困惑。你要尽可能地尝试用其他思维模式去思考。

直觉

当你获得一个创新性想法，却无法解释是如何得到它的时候，你可能会说:“这是我的直觉。”许多成功的前任高管会告诉你他们是如何工作的:他们凭借的是自己的直觉。这意味着什么呢?

新的大脑科学研究对本能和直觉进行了区分。本能是人类与生俱来的，但人类的本能实际上并不多，而且几乎都是身体上的，比如自我保护、性和五种感官上的快乐体验。直觉就不同了，它是记忆的产物。某些情形会让你想起曾经的经历。如果你无法说出过去的相关经历，你就会把它称为“直觉”。更准确地说，它应该被叫作“神秘的记忆”。

这些神秘的记忆中有许多都是有根据的。正如我们在第 1 章中提到的，我们将这些记忆称为“专家直觉”，也就是说，你过去的经验使你成为某一特定情况的专家，你的判断是基于你对该情况十分熟悉。通常情况下，高管的直觉是正确的。但有时候，直觉也会让你误入歧途。你可能会说“我对此有一种不好的预感”，或者“我知道这么做是可行的”，但实际上，你的经验并不足以让你成为该情况的专家，因为你很少能准确地知道自己抽调的是哪段记忆，所以很难分辨出这种判断的对错。

每天你的许多工作都依赖于专家直觉。如果你只有片刻的时间来做决定，你就必须依靠专家的直觉。急诊室里的护士、战斗中的士兵、冒着浓烟的大楼里的消防员——他们都依靠过去的经验迅速决定自己该做什么。但是，通常他们都无法解释自己为什么要这么做，不过著名科学家加里·克莱因采访了几十位这类专家，并梳理了他们做决策时的想法。克莱因发现，在每一个案例中，过去的经验往往主宰着这些人的一天。

创造性战略超越了专家直觉。沐浴时之所以能涌现出灵感，正是因为从存储在大脑中的过去经验里提取了有效的信息。这也是记忆的一种形式，但是这种方式所提取的信息远远大于你的个人经验。当你快速做决定时，要从最靠前的记忆书架上调出你最强大的、最新的、独有的记忆。如果你的时间比较宽裕，思维较为放松，你就可以想象着悠闲地走到大脑的书架旁，在过道里来回踱步，从你脑海中的每一次记忆中提取信息。

当你产生了灵感后，洞察矩阵就会模仿你的想法。你的记忆书架——你的搜寻之源——覆盖了整个世界，而不仅仅是你的个人经验。直觉有助于快速决策，但如果时间允许，那就试试创造性战略吧。

IDEO

IDEO 是世界上最有名的商业设计公司。它率先将设计思维应用于商业问题，这就是它能成功的原因。

2001 年，IDEO 的一位领导人汤姆·凯利（Tom Kelley）出版了《创新的艺术》（*The Art of Innovation*）一书以解释其设计方法。他的方法是，先用书中所讲的经典设计思维进行研究，观察市场、客户和顾客等，然后再进行头脑风暴。凯利甚至还写了一篇名为《完美的头脑风暴》（*The Perfect Brainstorm*）的文章，他在文章中说“头脑风暴实际上是 IDEO 的一种信仰”。他告诉了我们实施的原则。那就让我们来看看这些主要原则：

- 图文并茂；
- 暂缓评论；

- 大胆想象；
- 借“题”发挥；
- 多多益善；
- 不要离题。

这些原则中的一部分不仅仅适用于头脑风暴，还适用于各大商业场合中的交流和谈判。最好是在图文并茂、暂缓评论、借“题”发挥的同时，进行一次对话。对于任何规模或目的的会议来说都是如此。如果你的公司存在沟通方面的恶习，或许 IDEO 的创意头脑风暴会教大家在沟通时如何做到彬彬有礼。这都是非常有益的事，但对于创新，那就另当别论了。

IDEO 鼓励大家“大胆想象”，这是头脑风暴中最常见的建议。但是创造性战略会让你去做不同的事：去寻找某人在某地在某种程度上已经解决了的难题。这是一个完全不同的任务，首先就是要抛开异想天开的想法。

IDEO 告诉你“多多益善”。凯利甚至引用莱纳斯·鲍林的话“要收获好的点子，首先要获得很多点子”作为文章的开头，但是我们之前就知道，这句话并不是讲鲍林如何想出好点子的。创造性战略的寻宝活动不追求数量，它追求的是质量。

IDEO 的原则之一是“不要离题”。但创造性战略则告诉了你与之不同的做法：你在搜索的同时，可能会改变自己对问题的看法。你的主题是可以改变的。

我们甚至可以重新审视“借‘题’发挥”。这个原则是好的，但是要如何实施呢？IDEO 告诉你在他人的基础上，想出大量的疯狂想法；创造性战略则告诉你：在队友发现的基础上，加上你的发现，建立一个新的元素。

如果头脑风暴是 IDEO 的关键方法，而头脑风暴的原则确实不会促进创新，那为什么 IDEO 还会成功呢？

为此，我们查阅了另一本书——《突破如何发生》（*How Breakthroughs Happen*），这本书的作者是 IDEO 的设计师安德鲁 · 哈格顿（Andrew Hargadon）。他告诉我们，IDEO 将在不同行业中工作过的人组成项目团队。对于牙膏行业的客户来说，由不同背景的成员组成的团队可能在鞋子、航空、银行、广播等方面都有经验。他们的工作是从其他行业中提取有效的元素，并将其应用到牙膏问题上。这是一种创造性战略，或者至少是一种不错的混合动力。

因此，如果你一定要进行头脑风暴，那么请确保参会人员具有不同的背景，并且告诉他们让他们从之前的经历中汲取经验。即便如此，也比不上完整的创造性战略。因为创造性战略不会强迫人们在会议上提出想法，而是给他们时间让他们去搜索自己经验之外的元素；让他们在独处时，将自己的思维退回到靠后的记忆书架里去，去那里寻找不会在会议上闪现出的所见、所学的事物。

总而言之，IDEO 的头脑风暴技巧可以教会你如何在日常工作中更好地沟通，但它们不会产生创新。它们使用的方法是：从它们不同的经验中提取元素来创造新的组合，这种做法接近于创造性战略。如果想更近一点，那就让团队成员超越他们自己的经验，进行一次完整的有效范例搜索。

想象力

大多数创造力方法都依赖于想象力，即人类大脑对新事物的思考能力，这是头脑风暴的本质。关键环节是用你的想象力想出一个创意，然后有人为此列了一个清单：艺术家们如何利用他们的想象力；发明家如何利用他们的想象力；创新者如何利用他们的想象力，等等。这张清单包含了各种各样的想象力。

那么想象力又是如何运作的呢？正常的想象力和创造性战略的运作方式相似：将你大脑中旧有的元素结合起来，组合成新的元素。坏的想象力则像是幻想，梦想着不可能实现的事。你可以想象有一种药丸只需一美元就能治愈世界上所有的疾病，但这种想象并不能帮助你形成一个可以实施的行动。例如，我们想象公司未来最理想的状态是有着“无限利润”或取得了其他永远无法实现的成就。那么你该如何制订计划？

与想象力最接近的是可视化：试着在你的脑海中想象你想要实现的未来，以便帮助你实现它。这样一来，我们又回到了同样的问题上。如果我们想象的是一些不可能实现的事情呢？有些人认为这并不是坏事。如果你追求一个不可能的目标，你就有可能只能达成一半。这难道不比设定和实现一个简单的目标更好吗？这就好比你瞄准了星星，只到达了月球，若是瞄准蚁丘，就只会到达蚁丘。

然而，这对创新也没有多大帮助。假设我的目标是“到达星星”——用只需一美元的药丸治愈世界上所有的疾病，那我就不能以一种价格两美元的药丸，治愈世界上一半的疾病来实现“到达月球”的目标吗？当然不能。事实上，真正的问题是当我想象那颗药丸时，我根本不知道该怎么做。这种可视化只有在你已经有了好的想法时才会发挥作用。例如，如果你想象在两周内减掉六千克，那么你可能会在五周内减掉两千克。无论结果如何，你都提前知道该做什么——少食多动。这不是创新，而是意志力，是依靠自觉去实施已知的解决方案。可视化可以激励你改变恶习，增强意志力，但它并不能让你产生创新性的想法。

对于创新，我们无法预知其实施方案。如果乔布斯成天空想着制造世界上最好的小型计算机，那必将无济于事。只有当想象力建立在真正的事物上，比如沃兹尼亚克的不懈努力和施乐公司给予的灵感，乔布斯才能想象出下一代伟大的计算机，这就是创造性战略。

思维导图

思维导图是一种用线条表示文字之间关系的图表。你会由一个单词想到其他单词，接着你把这些新单词都记录下来，从第一个单词开始用线将这些词都连起来，然后对所有新单词也照做一遍，直到你用光了时间、纸，或是连完了所有的单词。

一些支持思维导图的人告诉你这是一种创新性思维技术。但是一旦你了解了创新是如何真正发挥作用的，你马上就会明白，思维导图只是个人头脑风暴的一种形式，它与创新的所有障碍都是一样的。创意不会因为你解放了思想而产生。思维导图不是有效范例搜索，它不会搜索你已知或未知的先例。

思维导图可以用于释放大脑负荷：在纸上记下你对一个话题的看法，并观察这些想法之间的联系。当你准备撰写论文或发表演讲时，思维导图可以帮助你组织想法，但这并不是创新。如果你想用思维导图来进行创新，那么就根据记下的内容来搜索有效先例或者那些能激发你灵感的想法。但是不要把太多时间用于制作图表，即在单词之间画线；相反，要从图表中收集先例，并将它们安排在洞察矩阵中。

非我所创

众所周知，非我所创是创新的阻力。你会发现尤其在研发或营销部门，那里的人们为自己的创意备感自豪。人们抗拒借用外界元素，因为他们相信“自己与众不同”。只有自己最了解自己的处境和自己所在的公司，所以只有自己才能想出适用于公司的想法。

这种观点部分属实。每家公司都是不同的，每个人也是不同的，就像每片雪花都不一样。世界上没有两个事物是完全相同的。在同一家公司，面对同一种状况，公司内部人士最能判断出采用什么战略对公司最有利。就创造性战略而言，每个解决方案都需要略有调整；每一个新的创意组合都是独一无二的。它培养了公司内部人士选择和组合元素的判断能力。

因此，创造性战略的常规方法解决了这个问题，至少名义上是这样的。人们到底怎么想的那就是另一回事了。你可以强迫一个人进行有效范例搜索，但你不能强迫他做得很好。承认自己不知道对策，必须去寻找，这是需要谦逊和勇气的。

克服根深蒂固的非我所创态度，仅仅靠引入创造性战略是远远不够的。它是一种文化上的转变，需要时间，更需要刺激。你可能需要创造性战略来解决这个问题，即找到其他公司在克服这一态度时的有效元素。

玩耍

许多公司会给自己的员工提供玩具玩。谷歌公司就是一个非常著名的案例：在谷歌，有一间屋子里全是玩具和游戏设施，员工可以随时进去玩。在大厅以及其他公共场所均分散着很多玩具和游戏设施。而其他公司会将玩具或游戏带到研讨会上，开始工作之前先进行一轮游戏。这是为什么呢？

因为玩耍会刺激右脑，让我们更有创造力。是这样吗？答案是否定的。

我们已经知道了大脑运作时不分左右。你玩游戏或玩玩具最大的收益就是知道怎么玩那款游戏或那个玩具，这是学习，而不是创新。这可能会让你放松心情，放飞思维并产生联想。但是不同的人的放松方式也不同，可能是听音乐、聊天、运动、眺望窗外、做瑜伽、在公园漫步或者做饭，等等。很少有成年人通过玩玩具使自己得到放松。他们需要在不同的时间里放松自己，尤其是当他们在思考一些常规工作无法解决的事情时。而玩游戏的时候，大脑不会走神，因为那时大脑完全专注于游戏。

一起玩耍可以打破社交障碍，促进团队合作，这对创造力有好处。一旦接触到其他创意和信息，那就仅是玩耍所能激发创造性思维的了。放松活动比玩耍更能让大脑平静下来，以帮助人们提高创造力。

研发

许多公司把创新的责任交给研发（R&D）部门。对于依赖先进科学的创新，我们让一个由多位科学家组成的团队效力于一个部门是说得通的。但许多商业创新都是在没有先进科学的情况下发生的，甚至在高科技领域也存在这种情况。就像我们之前所说的，苹果公司捆绑、改进了他人的发明，并销售最终产品。因此，研发不应该是公司里唯一的创新源，研发应该探索更多的外部世界，而不是只盯着公司内部，因为元素是可以组合在一起的。创造性战略本身就是一种研发方法，其中“R”代表搜索，而不是在实验室里做实验，而“D”则代表着创意组合。

研发部门应该经常使用创造性战略指导本部门的日常工作，从而让它们自己的原始研究成为它们所做的每一个项目的洞察矩阵的来源之一。而实验室之外的世界又为它们提供了其他的搜索来源。

六顶思考帽

爱德华·德博诺（Edward de Bono）是全球创意领域的权威之一。他于 1985 年出版的《六顶思考帽》（*Six Thinking Hats*）至今依然很受欢迎。对于任何问题，德博诺都会告诉你戴上六顶帽子，从六个不同的角度（过程、客观、直观、消极、积极和创造性）去思考。对于一个群体而言，每个人都可以选择其中一顶帽子并扮演这个角色。

从不同角度看问题是很好的做法，但这并不是创新。这六个观点并没有产生创造性的想法。但是书中所提及的六个角度中有一个是"创造性"。德博诺告诉我们该怎么做了吗？他告诉我们了。他的建议是采取横向思维。他在其 1973 年所著的《横向思维》（*Lteral Thiking*）一书中解释了这一点。你试着把随机的词语或对象用到你的问题上，并对这个问题提出相反的看法，或者改变问题，让它变得不再是问题，或者变得不可思议。这些方法都能激发你的灵感，从而刺激你产生创意。

由此，我们马上就可以看出横向思维不是创造性战略，因为它不会告诉你去其他地方寻找元素来解决难题。

从本质上讲，横向思维的技巧是刺激右脑。毕竟，早在 20 世纪 70 年代早期，德博诺就提出了这一创造性方法，而大约在 30 年前，神经科学就已经揭示了学习和记忆是如何产生创造性想法的。

所以，发现他的方法已经过时也就不足为奇了。

请假

谷歌创意工作场所的另一个特点是允许专业员工请假。员工每个星期都有一天可以自由支配，去做自己选择的项目。这个方法来自 3M 公司。在 3M 公司，一周有 15% 的时间可以请假。这是一种非常好的组织管理方式，它满足了人们追求自己的新想法的自由。在这两家公司，你可以申请资金和更正式的时间来进行创新。这简直太棒了。

但我们仍然心存疑问：就算请假了，我们该如何想出一个值得追求的想法呢？谷歌和 3M 这两家公司都没有提供任何指导。但是如果你在请假期间尝试创造性战略，那一定会有效果。

试错法

许多人认为创新没有方法，其实它就是一个试错的过程。你尝试得越多，就越可能成功。正如托马斯·爱迪生说的：“如果我能找到一万种行不通的方法，那我就没有失败。”不气馁是因为每一次错误的尝试都是在向前迈进。

这似乎肯定了试错法是明确的创新方法。但是爱迪生还说了：“商业和企业中的每个人都在偷窃，我已经偷窃自己很多次了。但是我知道如何向自己偷窃，其他人却不知道。”

现在我们可以将这两句话结合在一起理解了。首先你从别人那里“偷窃”，然后进行组合。如果组合失败了，你会再次搜索并尝试再次组合，如此循环往复，直到你形成一个组合。但这不是试错，这是不断地搜索并尝试、搜索并尝试、搜索并尝试……重复也会产生专家直觉。在这种情况下，你每次都能更快地认识到什么是可能的，什么是不可能的。

当然，如今历史学家们认为，爱迪生自己并没有创造出真正的原创发明。例如，他的电灯是结合了约瑟夫·斯旺斯（Joseph Swans）的灯泡和路易斯·拉蒂默（Lewis Latimer）的灯丝而产生的。

另一些人则认为试错意味着“进行实验”。实验很好，但与试错不一样。科学家在设计实验前做了大量的研究以增加实验成功的可能性。实际上，这并不是“一万种行不通的方法”，爱迪生计过数，其实有数百万种。你会在试错上耗费大量的时间和金钱。失败的实验教会你的东西远远大于成功的实验。当然了，成功的实验可以为下一项实验奠定基础。

有些人认为试错是一种态度而非一种方法。他们希望公司能够接受失败作为创新的正常结果之一。如果每个人都害怕犯错误，那就没有人敢于尝试了。这种观点是有道理的。许多好的想法都失败了，公司文化也不得不承认这一点。具有讽刺意味的是，那些不能容忍任何失败的公司最不能接受的恰恰就是“什么事情都想尝试”的态度；相反，提供创造性战略是一种谨慎的实验方法。如果你能解释清楚你的实验结合了过去成功案例中的有效元素，是值得一试的，那么公司就有可能接受失败。

最后，试错法有可能让你过早地否定实验。请不要轻易接受失败。记住，即使使用创造性战略将自己的想法付诸行动之后，你还需要继续为之增添新的想法。在创新过程中，搜索并尝试远远比试错重要。

TRIZ and SIT

TRIZ and SIT 是工程师之间盛行的一种创新方法，这一方法是苏联科学家根里奇·阿奇舒勒（Genrich Saulovich Altshuller）发明的。20 世纪四五十年代，为了发展他的“发明问题解决理论”（俄语为 TIPS 或 TRIZ），阿奇舒勒分析了 40 000 项专利。他总结并列出了这些专利中提及的 40 个创新原则，然后他设计了一个由 39 种问题组成的网格。阿奇舒勒用这 40 个创新原则填满了网格解决两个问题的相交部分。

例如，如果你的问题是温度和时间的关系，那么阿奇舒勒会在这个单元里填上四个创新原则：参数变化、机械交替、跳跃和机械振动。你可以将这四个原则结合起来解决你的两个问题。每个创新原则都适用于许多不同的问题组合，例如，参数变化可以帮助解决 229 个不同的问题。

明白了吗？

可怜的阿奇舒勒。他工作得很辛苦，但是他的整个想法从一开始就被误解了。他研究了 40 000 项发明的结果，而不是发明者创造这些成果的创新方法。比如，我们可以像阿奇舒勒那样用第一代苹果 Mac 机解决的基本问题来填充网格，但这远不及乔布斯发明的方法。乔布斯将自己的搭档史蒂夫·沃兹尼亚克发明的小型机器与阿黛尔·戈德堡（Adele Goldberg）和她的施乐团队改进道格·恩格尔巴特（Doug Engelbart）的早期设计后发明的图形用户界面和鼠标结合在了一起。我们也可以用爱迪生发明电灯解决的基本问题来填充网格，但他的实际方法是将斯旺斯的灯泡和拉蒂默的灯丝结合起来，从此留名创新的史册。

如果你想创新，那就去做其他创新者做的事吧，去大胆地使用创造性战略。

还有一个现代的 TRIZ 变体：系统的创造性思维或者叫 SIT。TRIZ 启发了 SIT 产生了“五个思考工具”，由戈登堡（Goldenberg）和马祖斯基（Mazursky）于 2002 年在《产品设计中的创新》（*Creativity in Product Innovation*）一书中提出。在书中，阿奇舒勒的 40 个创新原则被归结为五个涵盖大多数新产品创新的创意模板：

- 属性的依赖；
- 更换；
- 位移；
- 控制组件；
- 部门。

这些模板中没有一个涉及在外界发挥过作用的创意组合中的元素。相反，你可以用五种不同的方式改变产品的当前特性。比如，你把椅子的腿卸下来，用一个不同的元素代替它们，但要保证让椅子和原来一样平稳。那么，你该如何找到那个元素呢？唯一的指导是“在即时环境”（比如墙、桌子、地毯）中寻找。如果你想不出能代替腿的东西，那就试试不同的模板。

这种方法并不排除创造性战略——你的想法是用一个元素来取代椅子腿，这个想法可能来自其他一些有效的元素。但是 SIT 不会让你那么做。我们对比一下这两种方法。SIT 告诉你分别从单独和综合两方面对你现有产品的特性进行五次思维实验。创造性战略一开始就会问你的产品的哪些问题激发了你创新的念头，让你为此不断搜索元素并进行组合来解决它。在这两者中，创造性战略更接近于创新发生的原理。

工作场所

在此之前，我们讨论过在“艺术”和“玩耍”方面有创意的工作场所。一个好玩的具有艺术气息的工作场所，其目的是刺激具有创造性的右脑，而不是侧重分析的左脑。但是科学早已推翻了这种大脑模型。富有创造性的工作场所能帮你放松，但常常会遭人误解。人们在办公室外会更容易让自己获得全身心的放松，除了艺术和娱乐之外，大多数人都依靠其他方式。因此，创意工作场所的第三个要素是：如果椅子、桌子、墙壁、大厅和装饰品都是古怪、另类的，你就会产生更多的创意。传统的工作场所培养出传统的观念，而创造性的工作场所培养出的则是创造性的想法。

至少理论上是这样的。如果你看看创新实际发生的环境，一般都是单调的墙壁和简约的办公室。但是谷歌公司目前的办公环境就很有个性：你可以拿着你的笔记本电脑坐在由透明塑料泡沫制成的、印有红点的欧普艺术图案的墙壁前办公，也可以靠着复制的出租车办公。然而，谷歌收入的绝大部分仍然来自其最初的创新：互联网搜索广告。那么，谷歌的创始人是在有创意的工作场所获得这个灵感的吗？

我们可以通过大卫·维塞（David Vise）和马克·马塞德（Mark Malseed）的《谷歌的故事》（*The Google Story*）来回顾谷歌创始人拉里·佩奇和谢尔盖·布林的创意想法来自何处。20 世纪 90 年代末，那时佩奇和布林还是斯坦福大学计算机科学系教授拉杰夫·莫塔尼（Rajeev Motwani）的研究生学生。经过一系列的创意组合，两个人将四个先例组合到了一起：传统的数据挖掘算法、学术引用的反向链接排名、Altavista 的搜索引擎和 Overture 的在线广告收入系统。他们的工作场所没有什么特别之处，就是世界各地大学的标准隔间和办公室。

工作场所可以影响创新，而不是激发创造力。更重要的是，管理者如何对待彼此的想法。在这方面，坊间报道称谷歌确实有着创造性的工作场所。他们的主管鼓励思想交流，鼓励员工不要受等级制度的约束，积极寻求新的想法。你可以玩玩具、打游戏或给自己的办公场所布置各式各样的装饰，但你的老板对待你的态度更重要。办公室的墙壁是否单调，环境是否无聊，这些都不重要，重要的是要有热爱创新的文化。

例如，乔纳·莱勒（Jonah Lehrer）最近的一篇文章讲述了麻省理工学院 20 号楼的故事。1943 年，辐射实验室需要更多的办公空间，所以麻省理工学院建立了一个巨大单调的三层建筑，走廊狭窄、墙垣单薄、四处通风。就这样，数十名科学家挤进了这个建筑，并在雷达研究上取得了巨大的成功。这项研究结束后，麻省理工学院于 1998 年拆毁了这个建筑。20 号楼是追求创新的科学家们的大本营，从电子游戏到语言学领域，他们在这栋建筑里均取得了突破性进展。从一开始，科学家就报告说，在长长的走廊里与研究其他领域的人交流会使自己产生很多新的想法。

帮助人们解决不同问题的场所以及鼓励人们开诚布公地谈论自己观点的文化，是一个创造性工作场所的关键所在。由创造性战略可知，他们真正从对方那里得到的是急需的资源和有价值的先例。最无聊的建筑也可能是最有创意的工作场所，这取决于这个建筑里发生的事情。

年轻

如果想要创新，就应该雇用较为年轻的人。因为他们比年纪大的人更多地保留了孩子般的创造力。不是吗？

这种想法是完全错误的。

孩子们的思维相对更加开放，这是事实。他们会画一只在月亮上飞的猫，或者是紫色的胡萝卜，或者是带有卷曲羽毛的箭。我们所说的创新方案，与孩子们所面临的问题的解决方案不同。为此，你要尽可能多地找到各种来源，这是一件长期积累、熟能生巧的事。随着时间的推移，你越是熟练，年龄也相应越大。的确，许多成年人的观点会越来越狭隘，也渐渐不再广泛地搜索元素进行组合了。但如果他们决定要去搜索、组合，他们依然有能力这么做。

年轻的员工也是消费者，因此他们可以提供年轻消费者的观点。这一点非常重要，就像年纪大的员工会为公司提供年老消费者的看法一样。年轻的员工会问一些很幼稚的问题，这些问题会让你反思公司习以为常的旧观念和日常事务。这对公司也是很有帮助的。但是，这些都不是创新，而是质疑传统智慧。你接下来需要的是一个取代传统智慧的想法。对此，年轻人可能会较少受到抑制。但是他们常常忙着学习诀窍，努力适应新环境。在这种情况下，年长的员工更为可靠。因为他们不担心自己是否会适应，他们会以更开放的心态来思考问题。

一般而言，年轻人更愿意为新想法冒险，因为他们通常不需要养家糊口或者背负抵押贷款，或者其他让他们厌恶的风险。尽管随着年龄的增长，人们的创新能力会越强，但是冒险精神却不断减弱。如果公司文化为创新增加了难度或创新失败后要接受惩罚，那么年纪大的员工可能会因为承受不起而放弃尝试。

许多认为年轻人更有创造力的人士列举了历史上一大堆年轻

的创新者。爱因斯坦和毕加索 26 岁时就取得了重大的突破；莫扎特 10 岁就能作曲；乔布斯 24 岁就对 Mac 机进行了创新，并且大获成功。让我们一个一个来分析。爱因斯坦为了自己的创意，将五名科学家的工作组合在一起，最终得出了 $E = mc^2$。毕加索把马蒂斯 1906 年创作的《幸福生活》和《非洲雕塑》（马蒂斯展示给毕加索的作品）组合在一起，创作出了自己具有突破性的画作《阿维尼翁》。比起创新者，莫扎特更像一个模仿者。他在欧洲巡回演出时的所有作曲风格都是模仿和组合得来的。这三位年轻的创新者都使用了创造性战略，而不是通过年轻的精神进行创新的。至于乔布斯，我们已经知道他也这么做了。年轻使你有更多创新的意愿，但是创造性战略却可以在你人生的各个年龄段帮助你。

对创造性方法和创造性战略的对比回顾到此为止，这些方法和战略可以让你成为一个更有创造力的人，或者可以帮你进行创新。最关键的是，你是如何得到解决问题的创新想法的。这些方法要么完全跳过了这一步，要么企图依赖想象力。只要你坚持寻找其他地方的有效元素并进行创意组合，那么还是有少数方法（比如艺术、合作或者请假）可以与创造性战略相容的。理解、实践并掌握这门学科是创新的关键技能。

CREATIVE STRATEGY

A Guide for Innovation

第 12 章

战略

一个创新必须兼具创新性和战略性：新事物（创新性）让你为实现一个有价值的目标采取可行的行动（战略性）。一些流行的创新方法明确承诺为你开辟新的方向，从而直接替代了创造性战略。其他流行的战略方法并没有特别宣称要创新，但却排挤掉了创造性战略，阻碍了创新。

在大多数情况下，以上两种方法都属于分析的形式，不会产生创造性的想法。通过一些修改，你可以将这些方法调整为创造性战略：用它们进行分析，然后用创造性战略为你的战略思想提出解决方案。

分析

这是最流行、最通用的战略方法，“想象力”是最受欢迎和最普遍的创新方法。下面的许多方法都是战略分析的形式：它们能帮助你了解目前的处境，但不会告诉你如何应对。分析是好事，但如果作为一种战略，光有分析是不完整的。如果你先做分析，然后运用创造性战略，两者之间就不会有冲突。

蓝海战略

2005 年，W. 钱 · 金（W. Chan Kim）和勒妮 · 莫博涅（Renée *Mauborgne*）出版了《蓝海战略》一书。从那时起，他们的方法就在商界广为流行。书中提供了一种避免“红海”的方式。“红海”意指在竞争过程中，双方会争得头破血流。书中倡导“蓝海”，意指没有人竞争，也没有人为此负伤流血。你应该为新客户寻找新产品，而不是为现有客户寻找新产品或向新客户推荐现有产品。如果你先做到这一点，你就获得了先发优势，你就有足够的时间在竞争者做到之前将海水变成红色。

这显然是一种创新的方法，但它并不是最新提出的。早在 1994 年，哈默尔和普拉哈拉德就在《竞争大未来》一书中就提出了这一方法。他们把尚无人进入的市场称为“白色空间”，而不是“蓝色海洋”。2003 年，克里斯坦森（Christensen）和雷蒙（Raymor）在他们出版的《创新者的解答》一书中重申了这个想法。当然，这是一个非常吸引人的想法，所以它会不断地出现。我们想知道的是，你是怎么实践的?

蓝海战略提供了相关的步骤。首先你要画一张“战略画布”，在上面列出你所在行业中影响竞争的关键因素，以及就每个因素而言，行业中不同的部门表现如何。例如，在葡萄酒行业，“老化质量”（aging quality）是个关键因素。优质葡萄酒排名高，而廉价葡萄酒则排名较低。我们马上意识到，战略画布是用来分析当前处境的一种方法，它并没有为你提供一个战略构想——至少目前还没有。

接下来，你需要结合自身因素来考虑，并决定你的公司是应该“减少”“消除”，还是“提高”哪些因素。检查是否还有哪些因素可以创新。这些问题都很好，但是蓝海战略并没有告诉你该如何回答。例如，我们了解到，黄尾袋鼠葡萄酒（Yellowtail Wines）通过将选择类型减少到两种，并简化标签，从而创造了“容易选择”的新因素。但我们不知道它们是如何提出这一创新的，我们也没有得到关于如何获得这种想法的指导。

这对于各种战略方法而言都是一个经典的问题。你需要用一个分析框架来描述目前的状况，然后在你期盼的未来框架里达到质的飞跃。以蓝海战略为指南，你可以拿起你目前的行业战略画布，在上面画出你想要的图。例如，黄尾降低了“老化质量”，但创造了新的因素——“容易选择”。通过一个个因素，你可以看出新的战略画布与行业规范之间的差别。由此，我们得到了一个很直观的结果。但我们仍然不知道黄尾袋鼠葡萄酒最初是如何想出新战略的。它们如何决定增加“老化质量”，而不是其他的东西，比如“容易选择”？为什么它们不创造一个如“个性化标签”这样的新因素？可惜，蓝海战略并没有告诉我们。它没有明确的方法用来确定战略画布的哪些内容需要更改，以及为什么要修改。

蓝海战略告诉我们更多的是进行分析时的细节。画完行业战略画布后，去大范围地采访行业内、“替代”行业、相关行业或者未来可能相关的行业里的管理者及客户。啤酒是红酒的“替代品”，所以需要采访啤酒行业。餐饮是相关行业，也需要采访。如果你正在寻找在别处有效的元素，那么从创造性战略来看，这是很好的锻炼。可惜的是，蓝海战略只是告诉你要收集“战略洞察”，例如，会计部门花大量时间打电话确认外汇支付，但是没有提供明确的方法来帮助你将这种洞察转化为自己的战略。

尽管如此，蓝海战略告诉你要收集所有的洞察，为公司画六张新的战略画布。没错，六张！因为蓝海战略可以选择这六条路径之一：跨越其他行业、跨越整个行业的战略集团、重新定义业内买家群体、寻找互补产品和服务、重新思考行业的功能－情感导向或者参与塑造长期的外部趋势。能将战略洞察转化为这些路径中的一条就已经非常不可思议了，而蓝海战略要做六次！

花两个星期的时间来绘图和修改，然后团队一起参加一个可视化视战略展示。每个团队各自画图，总共画出六张图，然后邀请评委分别选出他们最认可的那张。将各位评委选择的图合成一张图，这张图指出了应该“减少”什么、“消除”什么、“提升”什么和“创新”什么。祝贺你，此时你就有了自己的蓝海战略！

遗憾的是，这仍然是一种很老套的做法：你用一个框架来分析当前的情况，然后根据将来你所希望的情况填充框架。两者之间唯一的联系是你的分析过程中的“洞察”。在蓝海战略中，洞察这一步就像其他传统战略方法一样十分神秘。只有创造性战略才能解决其中的奥秘：将其他地方的有效范例纳入你的新组合之中。

如果你想把创造性战略融入蓝海战略中，那就去寻找具体的“有效元素”，而不是一般的“洞察”。因此，你的画布会指导你超越你所在的行业和市场，去寻找新的创意源泉，丰富你的创意组合。

案例研究法

虽然目前还不明确，但许多高管认为，想出创造性战略的最佳方式是成为一名创意战略家。重要的是人，而不是方法。把合适的人放在那个问题上，问题就能解决掉。

如何找到那个合适的人呢？这太难了。高管的工作都有记录，所以在一定程度上你可以通过他之前的工作判断出他是不是很好的战略家。但初级管理人员呢？我们很难从简历和面试中知道这个人是不是一个很好的战略家。因此，一些公司在面试时会给求职者一个战略案例让他们来解决。公司通过这个案例来推测求职者将来在申请的岗位上解决战略案例的能力。至少，这是一种判断方法。

如果这些候选人去了商学院，他们就会很熟悉案例法，并知道该怎么做。案例是对真实的企业的所作所为以及他们下一步行动的描述。哈佛商学院在 20 世纪 20 年代开创了这种方法，如今大多数商学院都一直沿用案例教学法来向学生教授战略。因此，案例教学法对世界各地公司的战略实践都有着极为重要的影响。

案例教学法能够培养创造性战略吗？某种程度上是可以的，只需将每位学生的研究看作“史上先例”，就像克劳塞维茨所说的那样。这个案例会成为未来洞察矩阵的一个潜在来源。遗憾的是，学校并不这么认为。在每本哈佛案例书的扉页上都有一个免责声明：本学院讲授过程中涉及的任何案例都不能代表学院自身，也不能作为主要数据的来源以及有效或无效管理的先例。

我们可以理解代表学院和主要数据部分，但是最后说不让我们将案例视为“史上先例”就让人无法理解了。学校这么说的部分原因是不想冒犯案例主体，尤其是当这个主体在案例中是负面角色时。但是哈佛案例方法论还告诉过我们：任何一种情况都是与众不同的，所以我们不能将应对某种情况的方案照搬到另一种情况上。

现在出现了一个问题。案例本身促进了创造性战略，但案例方法又与之相矛盾。那么，学生们应该如何把他们在课堂上学到的东西运用到工作中呢？在一次面试中，当面对战略测试时，求职者有两种选择。他们可以把每个案例都看作独一无二的，就像案例方法告诉他们的那样，或者他们可以从案例方法中脱离出来，把这些案例本身作为先例，就像克劳塞维茨建议的那样。

有一次，我做了一个关于案例教学法的演讲，一位听众来到我面前，说他们一直在用案例方法，但却和我所讲到的版本不同。她解释说，复制（Copy）和（and）偷东西（Steal Everything）的缩写就是 C.A.S.E。这就是他们所谓的创造性战略。

竞争战略

1980 年，哈佛商学院的迈克尔・波特（Michael Porter）基于自己所教授的课程，出版了《竞争战略》(*Competitive Strategy*）一书。从那时起，他所提出的方法——竞争性分析，就开始流传到了哈佛大学的课堂之外，几乎成为全球公司战略顾问和企业从业者必修的一门课程。甚至，他提到的具体方法，如著名的“波特五力”，在许多有关竞争分析的书籍如雨后春笋般涌现之时，仍然是最受欢迎的版本。

波特解决了一个具体的问题：商业上的许多战略规划都是事先没有经过任何系统的分析而直接设定了使命、愿景、目标和目的。该书的副标题是“用技术分析行业和竞争对手”，这就是他给你的。请注意，小标题不是“如何提出一个战略性想法”，所以波特的方法无法与创造性战略相比。继续做有竞争力的分析，或者做其他的事，将此作为你的第一步。但不要花太多时间在这一步，要为搜索阶段留出足够的时间以满足创造性战略的需求。不要犯先分析后进行头脑风暴获取解决方法的典型错误。相反，要使用洞察矩阵。

波特出版《竞争战略》后的 30 年间，竞争战略的所有版本都具有相同的局限性。它们研究的都是分析的方法。它们不会告诉你如何得到一个有创意的想法。有些版本也在某种程度上承认了这一点。例如，1999 年，潘卡基·格玛沃特（Pankaj Ghemawat）写了一篇关于“创造竞争优势”的哈佛商学院笔记。在笔记里，他解释了他所概括的方法的局限性：“这个笔记采取了一种分析性的战略。实际上，许多大的优势当然不是来自分析，而是来自企业家的创造力和洞察力……分析的最后一步是……寻找有利的选择。选择最终还是一种创造性的行为。”

格玛沃特很明确地告诉你，他的方法会说明你可以如何分析自身的情况，但是不会产生创造性战略。遗憾的是，这种自我意识在战略领域是极为罕见的。更典型的情况是，你会得到“分析”“诊断”或“研究”，这些方法宣称自己可以神秘地帮你产生战略性想法。

有时，运用竞争性分析的战略家实际上确实根据某种版本的创造性战略进行了实践。在分析之后，他们广泛地搜索包含问题关键元素的先例，以达到创意组合的目的。但你并不知道他们是怎么做的。他们以竞争性战略的语言和形式，而非创造性战略来呈现自己的工作。它有助于明确遵循战略分析的那些关键步骤，而不会让你错误地认为分析本身会产生战略。弄清楚这些步骤，可以消除产生这些想法来源的神秘性。和其他学科一样，深入了解自己正在做的事将有助于你进行研究以及对研究加以改进。

批判性思维

有些方法把批判性思维作为战略思想的重要组成部分。批判性思维有很多定义，但大多数是相似的。以下几种是最常见的：

- 清醒、理性、开放、有据可查的思维方式；
- 积极、巧妙地概念化、应用、分析、汇总、评价信息产生的心理过程，以得出答案或结论。

根据这些定义，创造性战略是批判性思维的一种形式。但大多数批判性思维模式与创造性战略的关键之处并不相同。通常它们只涉及分析，不涉及组合。例如，W.G. 萨姆纳（W.G.Sumner）将批判性思维定义为："对任何被接受的命题的考察和检验，以发现它们是否符合现实。"根据这个定义，批判性思维并不是提出命题的方法，而是评估命题的手段。如果这些想法是关于未来战略的提议的，那么评价应该符合创造性战略。为此，你提出了一个关键性的问题：战略是不是由解决当下问题的实际来源中的先例组成的？

执行

战略和执行哪个更重要？

在商界，人们普遍认为好的想法有很多，但执行才是最重要的。如果你执行得不好，任何战略都会失败。2002 年，博西迪（Bossidy）和查兰（Charan）出版了一本很受欢迎的、名为《执行：如何完成任务的学问》（*The Discipline of Getting Things Done*）的书。两位作者发现大多数高管都花了太多的时间去制定战略，导致没有足够的时间来确保公司又快又好地执行这一战略。高管们不应该只是提出战略，然后委托其他人去执行。他们应该把大部分时间都花在领导执行上。

也许博西迪和查兰说得对，高层管理人员没有足够的时间来执行，但这并不意味着执行就比战略重要。实际上，它们同样重要，链条中的所有环节都必须足够强大，否则整个链条必将无用。用好的执行力去执行一个坏的战略与坏的执行力是一样的，甚至可能更糟糕。如果你发现自己的执行力不佳，就不要妄下结论说你需要更好的执行力。你需要的可能是一个更好的或更完整的战略。还记得第 1 章里派克的故事吗？沃什科维奇提出了一个不错的整体战略，但他需要进一步的战略思想来让它发挥作用。在这种情况下，执行需要对战略的每个元素进行进一步的创新。但沃什科维奇认为这只是一个执行问题。

通常，人们的执行力不佳是因为他们没有好的想法来解决问题。这个问题的答案不是“更好的执行力”。记住，首先，你需要创造性战略来解决这个问题。其次，你需要好的执行力。最后，等待另一个新的问题出现……好的执行力需要创造性战略来支撑。

专家

召集专家。专家会为你接下来做什么提出建议。许多战略咨询公司是这样做的：它们的很多员工在你当前行业的多家公司工作或者咨询过。他们身经百战，见多识广，他们可以运用自己的经验来解决你的问题。

召集专家的另一种方法是给他们升职。如果你将某项具体的技术型工作做得很好，例如市场、金融、运营等，公司就会赋予你更多的责任。在新的岗位上，你该如何开展工作呢？你得依靠专家，也就是你自己。毕竟，公司让你升职的原因是他们认为你知道如何去做。

成为专家是好事。专家可以解决商业中出现的大部分问题，但是这并不意味着专家在创新方面是最擅长的。对于一位想要创新的专家来说，第一件事就是告诉自己："我不知道答案，但是我能够找到它。"你必须摘下专家的帽子，戴上创新者的帽子。专家知道答案，但是创新者能找到答案。这一步需要的是谦逊和勇气。

但是，如果你是某家公司的员工或者正在向某家公司咨询，那就请你相信专家而不要盲目地相信其他人。只有这样，你才有可能成为创造性战略专家。你需要通过快速评估、有效范例搜索、创意组合来发展并实践你的技能。

差距分析

许多战略方法都涉及差距分析：描述（A）你在哪里；（B）你想在哪里；然后（C）决定如何实现从 A 到达 B。通常，一些推荐的框架会给予你指导，例如，波特五力将 A 和 B 分解成了五类。一些创造性方法也有这个效用，例如，设计思维可能会告诉你顾客需要某种外观、尺寸、成本和性能的产品。这为 A 和 B 分了四类。最后你要做的是 C，以填补 A 和 B 之间的差距。

差距分析的问题是 C，你要想出如何从 A 到 B。至于你能从哪里得出想法，则取决于你的公司是否寻求创新。如果你的公司没有进行创新，那么你就可以采用基准测试的方法或者依靠自己的专家直觉。换句话说，一旦你知道了如何从 A 到达 B，你就可以用自己的答案来填补 A 和 B 间的差距。如果你的公司寻求创新，那就意味着你不知道如何从 A 到达 B。在这种情况下，大多数公司都会做些什么呢？像往常一样进行头脑风暴。

如果你想通过创造性战略进行差距分析，那么 A 和 B 可以作为情景分析的一部分帮助你了解最需要创新的地方。实现 C 要做的不是头脑风暴，而是把 B 放在洞察矩阵的顶部，并从那里开始。记住，当你搜索时，你可能会改变你对 B 的看法。

在进行差距分析之初，人们并不总是很清楚是否需要创造性战略。在许多情况下，基准测试结果和专家直觉可以填补部分空白，但不是全部。如果你发现自己到了一个必须承认自己不知道剩下部分的答案的境地时，那就表示你需要创造性战略了。在洞察矩阵里，把你已知的部分写出来；对于基准测试来说，来源是已知的；但是对于专家的直觉而言，你应该强迫自己至少记住一个已知部分发挥作用的案例。

一般来说，你应该将差距分析限制在执行上。一旦你有了创新的想法，你就可以用差距分析来完成营销计划、运营计划、财务计划，等等。在这种情况下，B 是来自你的洞察矩阵的创意组合。作为一种规划工具，差距分析是很好用的，但作为一种战略或创新工具，它就有所缺憾了。相比之下，创造性战略是一种获得创新性想法的更好方法。

从优秀到卓越

吉姆·柯林斯（Jim Collins）的《从优秀到卓越》一书自 2001 年出版以来，一直稳居最受欢迎的商业书籍之列。真是一个好书名！不管是个人还是公司，谁不想从优秀变成卓越呢？柯林斯与史蒂文·柯维（Steven Covey）在他们合著的《高效能人士的七个习惯》一书中，列举了从优秀到卓越的公司的七个习惯。你不好奇吗？

以下是柯林斯给出的清单：

（1）第五级经理人；

（2）先人后事；

（3）直面残酷的现实；

（4）刺猬理念；

（5）训练有素的文化；

（6）技术加速器；

（7）飞轮。

我们可以跳过第 1、3、5、6、7 条，因为它们不涉及创建战略思维。第 1 条描述了第五级经理人应该如何领导他们的员工，以解释高层领导必须采取与他们在职业生涯中可能经历的其他四个级别不同的行动；第 3 条是一个很好的建议，因为一厢情愿的想法是不可行的；第 5 条与博西迪和查兰关于执行的说法十分匹配；第 6 条提醒你确保业务的各个方面都要跟上最新的技术发展；第 7 条告诉你要不断开发适合你的战略的新计划，并将这些计划联系起来，像飞轮一样增加动力。

那就只剩下第 2 条和第 4 条了。我们有个疑问。第 2 条类似于科特的变更管理模型，它告诉你在产生战略想法之前，要先形成“指导联盟”；而柯林斯告诉你，在想出一个战略之前，要决定“谁有决策权”。这两个都不是最好的建议。如果一家制造公司想要进军服务领域，就必须先有这个想法，然后再为团队增加一个服务领域的专家。“谁”应该顺着这个想法产生，而不是先于这个想法出现。

至于第 4 条，柯林斯引用了一句古老的谚语：“狐狸多才多艺，刺猬只会一样看家本领。”换句话说，我们要做一件大事，而不是做一堆小事。但是你如何知道什么才是“大事”呢？柯林斯给出的方法和传统的方法一样，并没有多大帮助。他将 11 家卓越的公司与同行业的 11 个竞争对手进行了比较，最终认为：“战略本身并没有将卓越的公司与竞争对手区分开来。这两类公司都有各自的战略，没有明显的证据能够证明卓越的公司在战略发展和长远规划上投入了更多的时间和精力。”

一定是哪里错了。柯林斯把在战略上投入“时间和精力”与战略质量混为一谈了。是的，卓越的公司可能没有花太多时间去决定一个战略，但这并不意味着这些公司就没有质量上乘的战略。

至于是如何想出刺猬概念的，柯林斯认为你需要先回答以下三个问题：

1. 你最擅长的是什么？
2. 你的经济动机是什么？
3. 你最感兴趣的事情是什么？

显然，第一个问题是核心，它的答案是战略思维。可惜，柯林斯给出了一个错误的建议：带着你的核心竞争力去做。这是一个陷阱。

你可能擅长某件事，它会成为你的核心竞争力。但是，很可能别人比你更擅长这件事，所以如果你这样去做，你就肯定不会成功。那么，既然你不应该只选择自己的核心竞争力来提出大创意，那你应该怎么做呢？柯林斯没有回答。

第二个问题是让你寻找一个不同于竞争对手并且更有利可图的“经济动力”。你该怎么实现呢？柯林斯没有回答。

第三个问题告诉你要去做你感兴趣的事，而不是培养对正在做的事情的兴趣。这听起来很不错，但却毫无用处。随便找一家公司的 10 位高管，问问他们真正热爱的是什么。不管他们或公司现在实际在做什么，你都会得到一大堆不同的答案。这些答案可能根本不包括公司所做的事情，或者有可能有的人对公司的某块业务充满了热情，但是这块业务却正在衰败，看不到未来。

第三个问题是一种一厢情愿的想法。我们都可以、也应该做那些我们热衷的事情，但是这违背了柯林斯之前所说的“直面残酷的事实”。这是完全有可能的，而且人们很有可能会热衷于一个糟糕的商业理念。当然，你可以试着去寻找那些对你的创意充满激情的人，或者说服他们成为这样的人，但一开始就用这种方法决定战略并不好。更可能的是，这本身就是事情真正的运作方式—— 一个成功的战略想法会激励人们去为之努力。成功的机会令人兴奋，这就是商业世界的现实。首先，你需要一个好的创意。因此，你需要创造性战略。

创新者的解答

克莱顿·克里斯坦森在其 1997 年出版的《创新者的窘境》一书中描述了大公司不接纳新技术的原因，是因为它们担心新技术会与已有的旧技术形成竞争。这是熊彼特经典的“创造性毁灭”理论在公司实践的典型范例：熊彼特向我们展示了资本主义是如何利用有着新思想的新公司“摧毁”了保留旧思想的旧公司的。《创新者的窘境》一书中最明显的例子可能就是柯达公司由于数字技术与胶卷形成竞争而拒绝了这一新技术。

克里斯坦森将“窘境”剖析得十分清晰。该如何解决窘境呢？于是，他和迈克尔·雷诺（Michael Raynor）在 2003 年出版了另一本书——《创新者的解答》。这本书大部分内容都遵循了传统战略方法的惯例，提供了需要解答的战略问题。例如，“客户想要购买什么产品？”“谁是我们产品的最佳客户？”或者“理清业务范围”。要回答这些问题，我们必须看本书的第 8 章。

在这里，我们发现了两类创新战略：深思熟虑的和紧急的。作家们都喜欢紧急战略，这是为我们如今所处的不可预测的世界创造“颠覆性创新”的一种方式。亨利·明茨伯格（Henry Mintzberg）在 20 世纪 80 年代首次提出并描述了“紧急战略”，《创新者的解答》一书大量借鉴了这一说法。克里斯坦森和雷诺告诉我们，“像泡沫般于组织内部产生”的战略思想是公司管理层“日复一日进行优先排序和投资决策的结果”。这些管理者在制定深思熟虑的战略时如果遇到了“分析和计划阶段中未预见到的问题或机会”，他们就会求助于“紧急战略”。紧急战略成功后，他们“有可能使它正式化，对它进行改进并加以利用，从而将一个紧急战略转变为一个深思熟虑的战略”。

在制定这种紧急战略时，克里斯坦森和雷诺没有给出比 20 年前明茨伯格所说的更详细的说明。他们没有指导你如何应对紧急战略中遇到的意外“问题或机会”。这意味着我们在如何获得创造性战略的关键点上依然没有获得任何帮助。

克里斯坦森和雷诺的确提供了另外一种方法——丽塔·麦格拉思（Rita McGrath）和伊恩·麦克米伦（Ian MacMillan）的“发现驱动计划”。一旦你有了“紧急战略”的想法，就说明你从实施的计划中有了新的发现，你就会在学习和反思正在实施的计划的基础之上制订一个不同的计划。这是一个很好的计划。但是麦格拉斯和麦克米伦并没有告诉你如何提出这个“紧急战略”，《创新者的解答》

一书也没有提供任何帮助。这又一次说明，在如何想出一个创新性的想法这个关键问题上，只有创造性战略才能告诉我们答案。

问题树

"问题树"是一个很受欢迎的解决问题的工具，一些实践者将其应用于战略，其中最著名的就是麦肯锡公司。这是一个寻找原因的过程：写下你的问题，列出所有的原因，然后列出每一个原因背后的原因，直到你无法再前进一步。最后的结果看起来像一棵树。这是一种技术分析，就像化学分析一样：你把问题分解成组成它的元素。麦肯锡进一步说明，最后得到的那棵树必须是"MECE"（mutually exclusive and collectively exhaustive），即相互排斥并集体穷尽。这实际上是误导人的建议，因为许多项目在现实中是相互关联的，永远不可能相互排斥。你在欺骗自己，认为自己可以在复杂的战略形势下预见可能出现的所有问题。

一些实践者借用问题树的模式形成了"决策树"，即列出并分解问题的所有可能的答案，并为每个答案分配价值和概率。对于有限的、已知变量和结果的简单问题，这是可行的。但不要想着用它来提出一个创意、战略或者创新。因为对这三者而言，列出所有可能的答案是不可能的，为未来的结果分配价值和概率也纯粹是依靠猜测，其实是你自己将这些数字伪装成让自己信服的值，骗自己说自己对此事十分严谨。

另一方面，问题树可以帮你进行快速评估，确定问题并将其分解为元素。洞察矩阵的表头和列本质上是一种简化的问题树，也许是你从自己构建并不断修改的复杂的、全面的矩阵中提取出来的。不要试图用 MECE 这样的详细问题树作为矩阵的行。如果超过十行，你就是把问题复杂化了，会导致大脑无法从矩阵中看到组合，也无法与关键的领导人和线人一起对矩阵进行修改。你只需要矩阵上问题树的主要分支即可。要注意，不要花太多的时间去仔细研究你的问题树，并将其分解得越来越细。对问题更深入的了解来自你的快速评估面谈和从有效范例扫描中的发现，而不是分析。

最后，请记住，任何类型的问题树都不会为你提供一个创造性的解决方案，因为你必须搜索才能找到它。

列出选项

大多数解决问题的方法都在某种程度上告诉你“列出选项”，它们可能被称为“选择”“解决方案”或“行动”，甚至“战略”。于是，你列出了一个清单，然后评估列表中的每个选项。最后，你选择了其中一个。问题解决了。

问题真的解决了吗？

真正的问题是用什么方法列出选项，即使是一个选项。通常的方法是进行头脑风暴——你抛出一个想法，然后你或其他人会再抛出另一个想法。就这样不停地抛出各自的想法作为一个个选项。然后，在最后评估的时候选择其中一个选项。

问题是，如果只告诉别人“列出选项”却不指导他们如何在一开始就想出一个好的选项来，那么不管评估方法有多好，他最终得到的可能也只是一个糟糕的选项。

“列出选项”受欢迎的原因有两个。一是，它解决了五个有着不同想法的人在一起该怎么开展工作的问题。解决方法很简单：列出五种选项。这是公平的，但这是创意吗？不太可能。洞察矩阵可以为五个人提供一个更好的方法。二是，“列出选项”可以解放你的思维，让你不会受限于脑海中闪现的第一个想法。遗憾的是，“列出选项”仍然依赖于你头脑或更多头脑中的（更多）想法。而创造性战略要花数周时间才能想出一个选项。当然，我们可以在几分钟内列出不止一个选项。但是，哪种方法才能产生更高质量的选项呢？想必答案不言而喻。

参与战略规划

当今组织内的大多数战略规划方法都是参与性的——也就是说，高层管理人员会在某一时刻参与进来。这种做法是彼得·德鲁克提出的，他或许是有史以来最具影响力的商业专家之一。1954 年，德鲁克在其第一本著作《管理实践》（*The Practice of Management*）中有力地指出，高管和部门经理都应该参与彼此设定的目标。部门经理与下一级员工也应如此，整个组织都应如此。目标管理是德鲁克最重要的思想之一。“每一层级的员工为自己设定的目标都应与上一层级的目标相一致，而唯一的方法就是参与对方设定的目标。”否则，你设置的目标将偏离公司的总体目标。

这一切都很有道理。然而，我们再次遇到了同样的问题，即你该如何确定目标的内容。遗憾的是，除了通常的建议（了解你的客户和你所在行业的趋势）以外，德鲁克并没有告诉我们具体的方法。为此，你为两个级别的高管组织了一次会议，目的是要让他们为彼此设定目标。这是一个很好的开始。如果你也参加了这次会议，你该怎么做？你如何才能知道该设定什么样的目标？德鲁克没有告诉我们。10 年之后，他在自己的另一本著作《成果管理》（*Managing for Results*）中给予了我们一些指导：你需要培养一种"企业思维"，即克服企业面临的"制约"；纠正企业发展中的"不平衡"，比如纠正错误的发展规模；将"威胁"转化为机遇。我敢再次打赌，"限制、不平衡、威胁"等这些问题依然没有办法解决。

自从德鲁克在 1954 年呼吁不同层级的高管应该一起为彼此设定目标后，一个完整的专业实践领域就成长起来了，内部和外部顾问开始为公司举行参与式战略规划会议。遗憾的是，他们并没有解决如何确定目标内容这一核心问题。相反，他们过于专注参与式方法本身。其实，成百上千的辅助者也犯了同样的错误。

下面是确定目标内容的一些步骤：

（1）设计：就进展的途径和过程达成一致；

（2）问题：就问题是什么以及为什么达成一致；

（3）愿景：就未来的理想状态达成一致；

（4）解决方案：就每个人都愿意支持的解决方案达成一致；

（5）实施：就执行决定的行动计划达成一致。

辅助者提出了第一步，然后参与者讨论、修改并最终达成一致。步骤 2 ~ 4 是纯粹的头脑风暴，每个人都抛出自己的想法，然后对这些想法进行排名和投票。对于第 5 步，通常大家按功能划分为子小组，最后以某种形式对每个小组都给予全面支持。注意每一步中唯一重复的词：一致。这个方法的目的不是为战略创造一个创造性战略，而是让参会的每一个人就某个战略达成一致。

当然，达成一致固然是好事，但这并不是创新的想法。遗憾的是，“目标管理”常常成为“委员会的管理”，这样一来，你会得到最“流行”的想法，而不是创新的想法。根据定义，创新在公司的某些方面或许多方面都不受欢迎，因为创新需要改变，改变就有可能带来伤害。对某些人而言，安稳更重要。还记得派克的故事吗？如果沃什科维奇使用了这种参与式方法，那么该集团就永远不会推出零售战略，也不会因此而彻底改变它们的核心业务。

大多数采用参与式战略规划的公司并不打算一开始就致力于创新。它们先设定财务目标，比如“每个部门的收入增长 15%”，然后进行一轮参与式战略规划，以每个部门的行动和财务计划将财务目标推进下去。然后，高管们每年或每季度审查每一个计划。每个人都花很多时间来设定和报告目标。他们都讨厌这种做法，但依然坚持这么做，因为他们认为这是正确的做法。其结果就是没有时间，也没有任何方法可以在任何层面上提出创造性战略。

相比之下，创造性战略的目标是为了得到创新的想法。如果你愿意，它也可以采用参与式方法进行，也可以为规划开一个好头。但是它会有其弱势——费时间。采用参与式战略规划方法，你只需花费一两天的时间，写出最终结果，你就可以返回工作了。而采用创造性战略，你必须在最后截止日期前几周甚至前几个月就开始，而搜索本身比一场研讨会还要费时间。当许多公司在它们的规划研讨会之前进行详尽的分析时，创造性战略则在起初阶段节省了大量的时间。

但是，重要的不是时间的多少，而是思考战略的精神动力。大多数高管都没有创造性战略的“心理时间”。他们很忙。参与式战略规划让他们每年只有两天的时间思考战略，而不是以任何有意义的方式来推动他们产生创造性思维。参与式战略规划可以说是高管们认为最容易做完的“忙碌工作”了。也许这就是它流行的真正原因吧。如果是这样，那就将成为采用创造性战略的一个巨大障碍。

情景规划

1973 年，由于美国和西欧在赎罪日战争中支持以色列，因此一些阿拉伯石油出口国切断了对美国和西欧的石油供应。荷兰壳牌公司多亏了其企业规划主管皮埃尔·瓦克（Pierre Wack）事先制订好了应急计划，才得以顺利应对石油价格大幅上涨的局面。而其他公司则措手不及。在短短几年内，壳牌从世界第八大石油公司发展成为全球第二大石油公司。

由于瓦克的成功，“情景规划”变成了商界一种常见的战略方法。如果你需要壳牌公司使用的那类应急规划，那制订情景规划就是完全正确的。你要预测未来可能发生的几种情况，推测它们是否足以保证当前的正常行动，或者至少要为此提出相应的应急规划。请注意，情景规划并不能帮助你创建这些操作或规划的内容，因为和之前一样，你需要的是创造性战略。

遗憾的是，有些公司在情景规划方面和那些采用竞争战略的公司犯了同样的错误，即先进行情景分析，然后通过头脑风暴制定行动和规划，或者“分析”“情境”或“研究”神秘地产生了行动和计划，但是没有任何明确的步骤表明这些行动和计划来自哪里。

一些情景规划者可能会采取创造性战略的一个版本：列出各种情景之后，他们会针对问题的关键元素广泛搜索先例，以制定一个行动或计划的创意组合。结果就是每个情景都有一个洞察矩阵。先例的规则使情景更加真实，多重情景反映了你所面对的具有不确定性的现实。

科学方法

许多创新都始于科学上的突破。例如，晶体管引发了现代电子产品的无数创新。这都是因为科学家使用了科学的方法。因此，任何领域的创新者都应该使用科学方法。不是吗?

的确如此，但你可能并没有正确地认识到科学方法是如何发挥作用的。许多人认为科学方法始于一个假设，要先进行实验来证实或反驳这一假设。如果结果不成立，就提出另一个假设并再次进行验证。

上述做法很好，但并不是科学方法，而是实验方法。科学方法分为很多部分，而实验方法只是其中之一。当然，实验方法是至关重要的。但是，科学方法在你提出假设之前就已经开始运作了。例如，你如何提出一个假设？提出假设的方法是什么？

如果我们问科学方法的创始人、生于 13 世纪的英格兰的罗杰·培根（Roger Bacon），他会说："首先应该相信那些实验或来自他人的忠实证词……经验排第二，理性排第三。"

看看培根告诉你要看的第一个地方：其他科学家的实验室。换句话说就是，什么是有效的呢？接下来是你自己的"经验"。对于这一条，培根指的是你自己的实验。最后，试着把前两个步骤中的东西组合在一起。你自己的实验的假设来自你对其他科学家在你之前所做的实验的搜索，这才是科学进步的原因。新的科学家用凭空想象出来的假设重新进行发明并不会推动科学进步。

科学方法并没有确切地告诉我们如何从先前的科学家的结果中得到自己的假设。为此，我们要从托马斯·库恩的《科学革命的结构》一书中寻找答案，看看科学突破是如何通过灵光一闪的洞见发生的。它们是其他科学家创意的组合，加上更先进的工具可以观察到之前没有发现的自然景象。例如，伽利略的创新源于结合了哥白尼的计算原理和一项新的荷兰发明，即望远镜。而哥白尼的创新则结合了希腊阿里斯塔克斯（Aristarchus）的旧观念、过去几十年新的三角学工具和托勒密（Ptolemy）的天体数据。

我们可以从科学进步的案例中得出的结论是：创造性战略是科学方法的一种形式。

SWOT 分析法

商界中使用最广泛的战略分析方法是什么？我猜一定是 SWOT 分析法：优势、劣势、机会、威胁。许多公司意识到它们应该在通过头脑风暴会议找到“解决方案”之前做一些分析，但竞争战略、场景规划、蓝海战略以及大多数其他分析法都会产生巨大的工作量。而 SWOT 分析法刚好相反，你可以在一次头脑风暴中完成分析，然后再召开另一场头脑风暴会议来寻找解决方案。这样一来，问题就解决了！

然而，从创造性战略的角度来看，SWOT 分析法完全被人们误解了。错误在于第二部分：通过头脑风暴寻找解决方案。SWOT 分析法是一种有效的分析方法。你甚至可以做更正式的分析，比如竞争战略，并将其插入 SWOT 分析法的四个类别里。然后，尝试将优势转换成一个创新问题，列于洞察矩阵的表头，紧接着是劣势，然后是机会，最后是威胁。这些问题可能会给你一个好的开端。

有些公司使用 SWOT 分析法不是为了确定总体战略，而是针对一个已制定好的目标进行规划。这样做也可以，只要你记住 SWOT 只是一种分析法就行。它不能产生创意、创新，更别说是战略了。为此，下一步要做的就是实施创造性战略。

系统思考

在经济学中，人们会警告你小心“局部分析”——把一个重要因素从方程式中剔除。在战略思维中，并行就是系统思考——将战略分析的所有重要因素都包括在内，并且注意它们是如何相互作用的：一部分影响另一部分，其结果又影响第三部分，从而影响整个系统。

这是一个很好的建议，但与一般的战略分析一样，它并没有告诉你如何创新。它只能帮助你了解你的处境，这便是它的全部功能。

彼得·圣吉将系统思维称为“第五项修炼”。系统思维加上其他四项修炼成为“学习型组织”的关键技能，它通过不断地改变公司系统来实现创新。人与人、人与世界都是相互联系的，新的问题促进快速创新，整个公司都在适应新的现实，然后成为一个平稳的系统。

这听起来不错，但我们又错过了关键的一步。究竟系统思维和在系统内沟通良好的人们是如何产生创新的？缺失的环节正是创造性战略。系统思维能帮助你了解问题及其在洞察矩阵中的元素。良好的沟通意味着你可以在问题出现时，迅速形成团队，以正式或非正式的方式实施创造性战略，而且你会很容易实现创新，因为每个人都能理解它。

到此为止，我们回顾了所有与创造性战略竞争的战略方法。我们看到，其中大部分实际上是战略分析的方法，它们没有告诉你如何得到战略想法。与竞争创新方法一样，其中一些战略方法可以与创造性战略相兼容，比如竞争战略或 SWOT 分析法。你可以用你最喜欢的战略分析方法来确定最重要的战略问题，然后用创造性战略来解决这个问题。

千万不要把你的分析深入到想法本身，也就是说，不要先列出分析框架，然后用战略行动进行填充，即使这些行动在其他地方是有效的元素。一旦分析并确定了战略问题，就要遵循创造性战略的步骤：将问题分解成碎片，广泛搜索适合每个碎片的元素，根据需要修改你的碎片和来源清单，最后通过创意组合得出解决方案。

CREATIVE STRATEGY

A Guide for Innovation

第三部分

创造性战略总览

在这一部分中，你会看到各种各样的资料，它们为创造性战略提供了很多背景知识。第一部分概述了你可能会用作参考指南的方法。第二部分回顾了我在研究战略和创新过程中发现的来源。这些来源使我能够将战略直觉的想法结合在一起，将创造性战略付诸实践。最后这一部分，我列出了我在文中提到的书籍和文章。

CREATIVE STRATEGY

A Guide for Innovation

第 13 章

创造性战略的架构

目的

创造性战略是各种创新的方法，分为三个阶段：（1）将问题分解为元素；（2）通过搜索有效范例寻找适合每个元素的先例；（3）通过组合这些先例的子集来解决问题。

相比之下，传统的创新方法通常有两步：第一，深入研究和分析问题；第二，通过头脑风暴寻求解决方案。这只会导致强有力的分析和无力的解决方案。

创造性战略逆转了重点；它首先会快速地确定你认为存在的问

题，然后花更多的时间去寻找解决方案。这就是大多数创新实际发生的轨道：对新来源的有效元素进行创意组合。

参与者

创造性战略团队

创造性战略团队是由那些贯彻创造性战略的三个步骤的人们组成的。有时候，团队中较年长者会完成第一步，年轻者完成第二步。在第三步，整个团队都会参与进来。成员们丰富多彩的工作和生活经历是这类团队的一大优势。

创新领导者

这些人将决定并掌控由该方法产生的创新主动权。有时决策者与创新领导者并不是同一个人，需要时间来识别他们。在第一阶段，创新领导者是最重要的。

关键信息提供者

这些人都是公司内外的人，他们对问题有特殊的见解或者有好的线索可供搜索，或者他们可以洞察你发现的先例。创新领导者都是关键信息提供者。关键信息提供者在第一和第二阶段都是极为重要的。

创新员工

创新员工是公司内部的人，他们把由这一方法得到的创新想法付诸实践。部分或全部创新领导者以及一些关键信息提供者都是创新员工中的成员。作为一个团队，创新员工只参与第三阶段。

注意：在小公司里，对于创造性战略团队而言，创新领导者和创新员工可能是同一个人。

活动

创造性战略的阶段

第一阶段	第二阶段	第三阶段
快速评估	有效范例搜索	创意组合

创造性战略的阶段

第一阶段：快速评估

通过对创新领导者和关键信息提供者的简短采访，以及对他们引用的文档和数据的快速研究，你可以确定哪里最需要创新。然后把问题分解成更细小的部分，包括要克服的关键障碍。这些部分是你需要解决的难题的元素。

第二阶段：有效范例搜索

你要在全世界范围内搜索案例，找到各大公司和组织在不同情形下解决某一难题的元素。你要弄清楚是哪些元素，什么对这些元素有效，以及它们是如何发挥作用的。你该如何将这些先例用到自己的问题上？这一阶段会花费你大量的时间。

第三阶段：创意组合

你可以将搜索到的那些最好的元素整合到一起，并将那些要实施创新的人召集起来举行研讨会。在研讨会上，参会者要挑选出能够实现创新的先例，并将这些先例的子集进行组合，然后开始制订如何实现新想法的计划，而选中的先例将为这一计划提供基本的轮廓。

洞察矩阵

这是创造性战略三个阶段的组织工具。

第一阶段：将问题写在表头，而问题的元素则作矩阵的行（见图 13–1）。

第二阶段：搜索的来源是列，搜索到的元素填写在单元格里（见图 13–2）。

第三阶段：选择单元格并进行创意组合（见图 13–3）。

下面的模型矩阵只给出了七个来源（S）和五个元素（E），但在现实中，你应该根据自己的需要尽可能多地列出更多的行和列。

此处，我们搜索到了 22 个先例（X）。七个圈中的先例是指创意组合，我们可以根据这七个先例的数据和活动开始实施我们的计划。

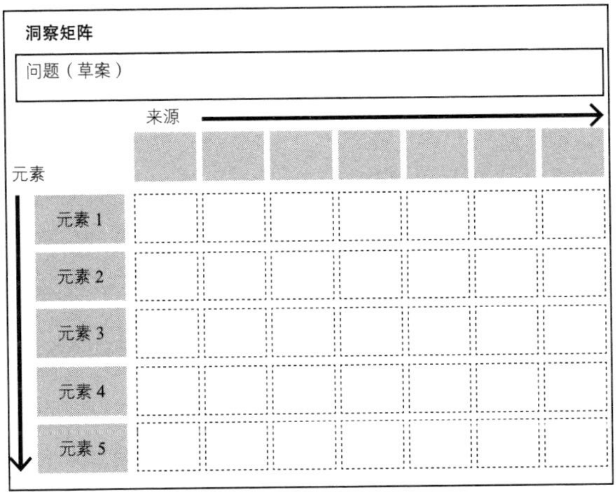

图 13–1　第一阶段：快速评估

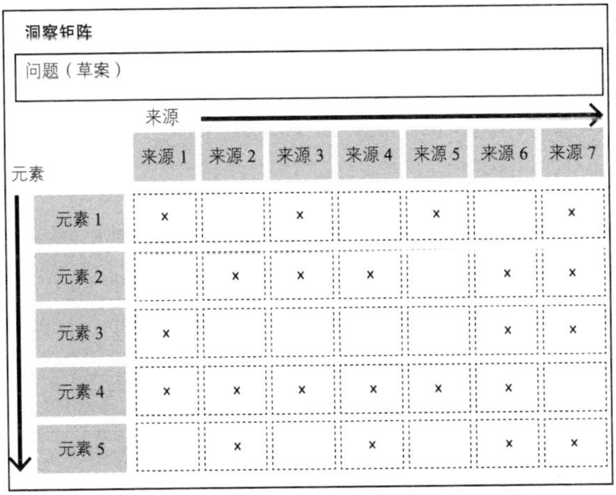

图 13–2　第二阶段：有效范例搜索

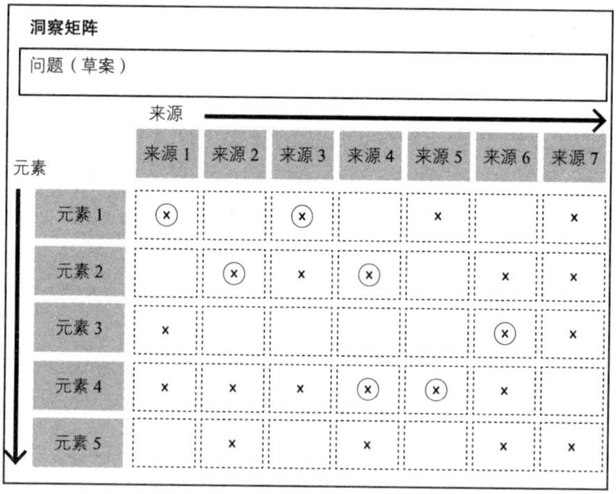

图 13–3　第三阶段：创意组合

第 14 章

创造性战略的三个阶段

第一阶段：快速评估

目的和参与者

这一阶段确定了你的创新需要解决的问题，并将问题分解为元素。这一阶段包括采访主要领导和关键信息提供者以及研究相关问题的文件和数据。创造性战略团队采访创新领导者和其他关键信息提供者是为了完成问题陈述，并将问题分解为各个元素，同时也为了从中引出其他可供搜索的关键信息提供者和来源。采访还指出，研究相关文件和数据是为了更深入地了解要搜索的问题和信息提供者。

行动

确定

确定谁是决定或领导实施创新的创新领导者。通常由公司中遇到问题的那个部门或单位的执行团队来担任这一职务。有时，问题会涉及不同的部门，例如，市场部和财务部。这样一来，创新领导者就包括所有相关部门的关键领导者。

采访

采访一下创新领导者，他们认为问题是什么，解决问题的障碍又是什么。在公司内部了解问题的历史，包括之前采取的任何解决方案。把你列好的、以草稿形式写出了问题和元素的矩阵拿给创新领导者看，并将他们提到的障碍转换成问题元素。询问他们对于来源和关键信息提供者是否有什么好的想法。采访可以是面对面的，也可以通过电话、电子邮件或者视频会议进行。

文件和数据

收集被采访者的报告、备忘录、调查、客户研究、网站或其他可能有助于描述和解释问题的材料，这些都是元素，它们很可能会帮你指出来源或者其他关键信息提供者。创造性战略团队不应创建新文档或收集新数据。

介绍

对于每个被采访的人，你都需要准备一份关键领导者已经同意并批准创造性战略项目的介绍。既可以在面对面的会议上介绍，也可以在电话或电子邮件中介绍。介绍应包括访谈目的——了解问题及其要素，以指导有效范例搜索。

迭代

经过几次采访，你会发现问题及其元素通常与刚开始时的有所不同。你还会发现一些内部专家，他们擅长的问题并不在第一个列表之内。这意味着还需要进行一轮或两轮采访。你不得不对问题及其元素进行修改。

洞察矩阵

你在每次采访中都要向受访者展示你的洞察矩阵，并在采访过程中不断修改它。当你在这个阶段获得了问题和元素的最终草案时，确保让关键领导者知道，这些洞察矩阵在有效范例搜索过程中会随着新的发现而改变。

证据

每次采访都要找到证据帮助你了解问题，了解信息提供者是如何看待问题的。

第二阶段：有效范例搜索

目的和参会人员

在这一阶段，创造性战略团队采访关键信息提供者，并再次搜索公司内外部的来源，以找到解决该问题不同元素的相应元素。团队将在这一阶段花费大量的时间。

行动

团队合作

创造性战略团队通过元素、来源或两者进行区别搜索，并允许在搜索过程中及时更新彼此。团队中的一位成员要负责记录矩阵中发生的所有更新。

开始

浏览最好从快速评估中提到的关键领导人的证据、关键信息提供者和来源开始。一条线索可能会引出另一条线索。

文件和数据

浏览报告、备忘录，研究包含成功元素的先例，寻找其他证据、关键信息提供者以及接下来调查的来源。一些证据能帮助你评估元素，以判断它们是否有效及如何运作。为了找到先例，至少要回顾五年之内的商业新闻和学术文献。

关键信息提供者

向关键信息提供者询问成功因素的案例，以及他们对其他关键信息提供者、来源和将要调查的证据的看法。一些关键信息提供者可以帮助你评估元素以判断这些元素是否有效。

来源

有关来源的信息来自关键信息提供者以及你在搜索中遇到的所有文件和其他材料。对于每个来源，你要找出那些对你的相关问题元素产生相同效果的先例。

报告

将每一个有希望的先例都写在一页纸上形成一份报告，在报告中描述你为什么认为这个先例对来源有帮助，以及它如何适用于你的创新问题。

迭代

在搜索过程中，你对问题及其元素的理解可能会发生变化。那么请对矩阵进行相应的修改。对于问题陈述的重大更改，请与创新领导者核对后再进行。

注意：在以下情况下，创造性战略团队可能会在搜索过程中进行创意组合：

- 如果团队成员包括创新领导者和创新员工；
- 如果创新领导者想要一个包含建议的报告，而不是一个研讨会。

第三阶段：创意组合

目标和参会人员

在这一阶段，创造性战略团队帮助创新员工完成了两步：选择并组合有效范例搜索到的先例子集，以解决创新问题，并开始制订如何实现这个新创意的计划。

行动

研讨会的筹备

提前给参会人员发送以下研讨会前需要的材料：

- 填写好问题、元素和来源的洞察矩阵，矩阵单元格的 X 表示在该来源中至少找到一个元素；
- 写有问题和元素的报告；

- 各个元素列表（每页展示一个元素）包含对其来源的描述，你认为该元素对来源有效的原因，以及将它运用到你的问题上的方法。

研讨会议程

第一天：上午

- 所有与会团队简介、研讨会前期所需工作材料回顾。

  提醒团队，这不是头脑风暴会议。团队应该提出一个未列在元素列表上的想法，并以相同的格式对其信息进行汇总。
- 第一次分组会议。

  各团队拿出前两个元素，再选取最可行、最值得采用的元素，简要地写下原因，并阐述实施的初步构想。

第一天：下午

- 第二次分组会议

  接下来各团队再拿出两个元素，并选取最可行、最值得采用的元素，简要地写下原因，并阐述实施的初步构想。
- 所有与会团队进行汇报和讨论。

第一天：晚间

- 洞察矩阵总结。

  主持人将选择的元素放到一个总结好的洞察矩阵里，并对各个元素列表进行修改和更新。

第二天：上午

- 全体与会团队回顾并讨论昨晚的材料。
- 第三次分组会议。

  各团队回顾和讨论昨晚材料并提出修改建议（添加、删除、更新）。
- 全体与会团队进行汇报和讨论。

第二天：下午

- 第四次分组会议。

  各团队按职能和专业进行划分，对与自己最相关的元素开始实施初步行动计划：确定谁在什么时候对接下来的各个元素做什么。
- 全体与会团队进行汇报和讨论。

来源

在此，我向大家展示了我自己在有效范例搜索的过程中发现的来源以及一些最新的来源，以便让大家明白如何获得创造性战略的想法。其中一些参考文献在书的主体部分出现过。我将它们分类整理于此。

科学史

科学史里最伟大的著作莫过于托马斯·库恩的《科学革命的结构》了。库恩通过将前人所做之事进行创意组合，向我们展示了科学领域是如何实现突破的。

我们在上文中指出，该方法的创始人罗杰·培根也给出了类似的建议。

艾萨克·牛顿为他的来源命名，并说："如果我看得更远，那是因为站在巨人的肩膀上。"

1960 年诺贝尔生理学和医学奖获得者彼得·梅达瓦（Peter Medawar）先生对此表示赞同："科学家所做的一切都是建立在前人的基础之上的：前人的经验在新的理念甚至在构想的可能性之中均有体现。"

爱因斯坦就是一个很好的例子。他的相对论中著名的 $E = mc^2$ 公式就是结合了这五位科学家的成就而得到的。

- 荷兰物理学家洛伦兹（Hendrik Lorentz）的洛伦兹变换公式；
- 奥地利物理学家恩斯特·马赫（Ernst Mach）的质量与速度的相对性理论；
- 苏格兰物理学家詹姆斯·克拉克·麦克斯韦（James Clerk Maxwell）的将光作为能量和质量的研究；
- 德国数学家赫尔曼·闵可夫斯基（Hermann Minkowski）的四维时空理论；

- 法国数学物理学家亨利·庞加莱（Henri Poincaré）的时间相对论。

神经科学

1998年，布伦达·米尔纳（Brenda Milner）、拉里·斯奎尔（Larry Squire）和埃里克·坎德尔发表了论文《认知神经科学和记忆研究》（*Cognitive Neuroscience and the Study of Memory*），成为学习和记忆的新理论的转折点。第二年，斯奎尔和坎德尔紧接着合著了另一本书《透视记忆》（*Memory:From Mind to Molecules*）。2000年，坎德尔因此获得了诺贝尔生理学与医学奖。此后，其他神经科学家也就这个话题出版了一些著作，如巴里·戈登（Barry Gordon）和莉萨·伯杰（Lisa Berger）的《智能记忆》（*Intelligent Memory*），杰拉尔德·埃德尔曼（Gerald Edelman）的《比天空更广阔》（*Wider than the Sky*）。

对于思想存在的神经科学，请参见2007年夏伦·贝格利（Sharon Begley）写的《训练你的思维，改变你的大脑》（*Train Your Mind, Change Your Brain*）一书。关于最近研究的回顾，请参见玛尔塔·辛克莱（Marta Sinclair）的《直觉研究手册》（*Handbook of Intuition Research*）中威廉·达根（William Duggan）和玛丽亚·梅森（Malia Mason）的《战略直觉》一文。

心理学

尽管学习和记忆模型让神经科学取得了进步，但左右脑理论依然主导着认知心理学，这是对人们思维方式的行为研究。在这一传统中，丹尼尔·卡尼曼凭借他对思维、推理和直觉的两种经典模式的实验研究获得了 2001 年诺贝尔经济学奖。他将自己的研究著书出版，书名为《思考，快与慢》（*Thinking：Fast and Slow*）。卡尼曼在课堂上进行了一些巧妙的实验，他让学生解答数学难题，而学生在解答过程中总是犯同样的错误。对于卡尼曼而言，实验结果表明学生的直觉是错误的：如果他们更多地使用理性思维来思考这些难题，一定会得到正确的答案。

遗憾的是，卡尼曼的研究并不适用于战略、创造力或创新，或者任何现实世界的情况，因为正确答案从来不受数学证明的影响。在现实世界中，你会根据自己的学习和记忆做出一系列有根据的猜测。在做出“猜测”的过程中，你多少会使用你的直觉。学习和记忆将卡尼曼的模型重塑为“直觉：有快有慢”。专家直觉很快，而战略直觉较慢。想要解决一个现实世界中的问题，你至少需使用二者中的一个，否则你必将失败。

1978 年，赫伯特·西蒙对专家思维的早期研究使其获得了诺贝尔经济学奖。加里·克莱因是近代专家直觉的先驱。他在 1998 年出版的著作《如何做出正确决策》（*Sources of Power: How People Make Decisions*）一书中报告了他对专家行为的研究，专家包括消防员、急诊室护士和战场上的士兵等。这是有史以来第一次，心理学家解释了直觉是如何依据学习和记忆这一先进模型运作的，尽管克莱因当时并不知道这一点。1998 年他的书出版之时，恰逢米尔纳、斯奎尔、坎德尔发表了他们关于学习和记忆的突破性论文。

在过去的 10 年里，克莱因对专家直觉的研究吸引了大量的认知心理学家的关注。我自己的战略直觉研究工作也是建立在克莱因的研究基础之上的。

军事战略

在军事战略方面的伟大作品当数卡尔·冯·克劳塞维茨的《战争论》。它于 1932 年首次出版，此后一直不断再版。世界各地的军事院校一直将该书用作教材，许多大学的政治学课程也是如此。

克劳塞维茨也有他的商业战略支持者。其中三位来自波士顿咨询公司。他们选取了《战争论》中对商业人士最有用的战争片段，于 2001 年出版了《克劳塞维茨论战略》（*Clausewitz on Strategy*）一书。第一组摘要片段是关于"灵感闪现"的。在 2007 年由休·史壮肯（Hew Strachan）和安德雷斯·赫伯格 – 罗斯（Andreas Herberg-Rothe）编辑的《二十世纪的克劳塞维茨》（*Clausewitz in the Twentieth Century*）一书中，我们也清楚地看到乌尔里克·克莱梅尔（Ulrike Kleemeier）在"战争中的道德力量"一章中强调了灵感的重要性。

这些案例很少。研究克劳塞维茨的大多数学者都把注意力集中在战略分析而不是战略思维上，比如灵感。关于克劳塞维茨军事思想的最新应用，请参见我在 2005 年为美国陆军战争学院撰写的专著《灵感战略：军事策划的直觉》（*Coup d'Oeil: Strategic Intuition in Army Planning*）。

亚洲的宗教文化

亚洲地区的印度教、佛教、道教和日本禅宗中都有对创造性战略各个方面的描述。在过去的几个世纪里，它们都在广袤的地区形成了自己丰富多样的传统。这里，我们挑选几件作品与大家共同探讨，这些作品与思维沉淀的关键环节有着密不可分的联系。

印度古代的《薄伽梵歌》是印度教的神圣文本，里面记载了瑜伽哲学。《梵歌》是一个关于战争的故事：神克里希纳（Krishna）和战士阿诸在战斗中的一场对话。瑜伽早期的作用之一是训练士兵：如果你练过瑜伽，就会知道战士训练时的姿势。瑜伽的一个关键学科是冥想促进的思维沉淀。

在印度北部，古印度人悉达多创立了佛教。几个世纪后，佛教传入中国。在中国，佛教遇到了道教。道教有两大著作：一部是老子的《道德经》，另一部是《庄子》，两者均是关于思维沉淀的著作。日本人将佛教与道教融为一体形成了禅宗。日本人宫本五藏（Miyamoto Musashi）的《五轮书》成为另一本关于思维沉淀的著作。

我们再回到夏伦·贝格利的《训练你的思维，改变你的大脑》一书，书中说明了思维沉淀的心理机制。2008 年 1 月，我在《北大商业评论》上发表了文章《捕捉战略直觉的火花》。这些都是我个人战略的主要来源：思维沉淀会给你更好的想法，同时它也会让你更快乐、更健康。

商业创新

在20世纪中叶，伟大的经济学家约瑟夫·熊彼得认为创新是经济增长的关键因素。我们可以在他所写的《经济史上的创造性反应》（*The Creative Response in Economic History*）、《创新和企业家精神》（*Change and the Entrepreneur*）、《资本主义的不稳定性》（*The Instability of Capitalism*）、《创造性破坏的过程》（*The Process of Creative Destruction*）等文章中看到创造性战略的元素。对于熊彼特来说，企业家是创新者，从创业到成熟，企业家将在组织的所有层面进行全面创新。在先前成就基础上得来的新组合与之前的分析相背，但却是熊彼特关于“创新究竟是如何发生的”这一观点的核心所在。

我们可以在商业文献中找到其他一些创造性战略的片段，比如詹姆斯·韦伯·扬（James Webb Young）1940年出版的营销手册《创意的生成》（*A Technique for Producing Ideas*）。韦伯生成创意的方法是利用创意组合。亨利·明茨伯格（Henry Mintzberg）在其1994年的著作《战略规划的兴衰》（*The Rise and Fall of Strategic Planning*）一书中，批评了所有的战略分析方法，其中最著名的就是波特的竞争战略。但要了解商业创新是如何发生的，我们必须深入了解创新本身的来源。

对于谷歌，我们可以参看大卫·维塞（David Vise）和马克·马塞德（Mark Malseed）合著的《谷歌人》（*The Google Guys*）一书。对于路易斯·郭士纳所说的 IBM 转型，请参看他的《谁说大象不能跳舞》一书。关于早期的微软公司，可参看詹姆斯·华莱士（*James* Wallace）和吉姆·埃里克森（*Jim* Erickson）所著的《创造辉煌：比尔·盖茨与微软公司的崛起》（*Hard Drive*）一书。霍华德·舒尔茨在其所著的《将心注入》（*Pour your heart into it*）一书中讲述了关于星巴克发展的故事。雷·克罗克（Ray Kroc）同样在他的《麦当劳之父的创业冒险》一书中讲述了关于麦当劳成长的故事。还有一系列商业创新成功的书籍可供我们参看，在此无法一一详述。每一本这类书籍都通过足够多的真实故事让我们了解了创新者的想法。

对于其他的创新，我们可以从不同的来源整合故事，例如，一系列关于罗丝·玛丽·布拉沃（Rose Marie Bravo）的短文告诉我们她是如何获得创意，成功扭转了博柏利（Burberry）的局面的。对于大多数创新，我们没有记录，创新者也没有告诉我们他们是如何想出创意的。但无论我们在哪里找到答案，答案都是一样的，那就是进行创意组合。有时我们只是得到了创新者汇总到一起的元素，但有时我们也会获得一些灵感，比如，舒尔茨在米兰看到了不一样的咖啡吧时，或当克拉克第一次看到加州圣贝纳迪诺市的麦当劳兄弟的汉堡时，他们都从中获得了巨大的灵感。

洞察矩阵的灵感来自 20 世纪 90 年代 GE 公司的第一位首席学习官史蒂夫·科尔（Steve Kerr）。他借鉴了劳埃德·特罗特（Lloyd Trotter）发明的用来追踪工厂各部门的工作进展，并在 GE 公司的克罗顿维尔校区进行有效范例搜索的特罗特矩阵。罗伯特·斯莱特则是从《杰克·韦尔奇与通用之道》一书中引用了特罗特矩阵。科尔的矩阵细节来自 2002 年科尔离开 GE 公司进入高盛后的采访。

社会企业

社会企业的创新来源与商业案例的类似：在各种来源的创新故事中，有时你会发现创意组合，有时也会获得灵感。例如，关于穆罕默德·尤努斯和小额信贷的创立，可参见他的著作《穷人的银行家》。对于结束美国种族隔离制度的非暴力反抗战略，可参见泰勒·布兰奇（Taylor Branch）的《分水岭》(*Parting the Waters*)。伊内兹·欧文（Inez Irwin）的著作《于艰辛中探索成功》(*Uphill with Banners Fling*) 讲述了爱丽丝·保罗是如何领导美国妇女赢得投票运动的。

同样，社会企业的大多数创新仍然十分神秘，因为我们没有记录创新者是如何得到创意的。但只要我们将这些故事随机进行组合，就会一次又一次地得到创意组合。

快速评价技术主要来自社会企业，特别是在国际经济发展领域。罗伯特·钱伯斯（Robert Chambers）是这一方面的主要先驱。1992 年，他在英国苏塞克斯大学国际发展研究院刊物上发表的一篇论文中首次描述了这种方法。这种方法现在已经普遍应用于国际经济发展领域。

艺术

许多人认为艺术是人类最具创造力的活动。从某种意义上来说，在艺术中找到创造性战略非常简单：研究一位艺术家的作品顺序，看看在每一个阶段其作品间相似的主题、风格或媒介是什么。艺术史学家一直都是这么做的。例如，斯蒂芬·格林布拉特（Stephen Greenblatt）在《俗世威尔》中引用了许多莎士比亚主要戏剧的关键来源。丹尼尔·瓦金（Daniel Wakin）则告诉了我们关于莫扎特（Mozart）和捷克作曲家约瑟夫·迈斯利韦克（Josef Mysliveček）的故事：

> 梅纳德·所罗门在他所著的传记《莫扎特的生活》中写道："莫扎特确实是一个模仿大师，能够模仿各种各样的风格作曲。"这是莫扎特的骄傲。在迈斯利韦克的作品中，莫扎特发现了一种意大利风格的作曲模式，它旋律优美，节奏明快。于是，他借鉴了这一风格，创作了他的第一部正歌剧《咏叹调》，他的早期交响曲也一直沿用此风格。他编排了一曲迈斯利韦克的咏叹调，这曲《亲切的平静》颇受观众喜爱，一度被认为是迈斯利韦克的宗教剧《阿布拉莫与伊萨科》的最佳配乐。

但要找到艺术家引用自己的创新来源，那就困难多了。他们要么从未记录过自己的创意从何而来，要么声称自己的创作纯粹源于想象。与商业创新一样，在能够追踪到细节的情况下，我们通常会找到创意组合。

一些艺术家也承认自己在创作过程中使用了创意组合。1948 年获得诺贝尔文学奖的英国诗人 T.S. 艾略特（T.S.Eliot）曾经说："不成熟的诗人模仿，成熟的诗人偷盗。"现代电影制片人吉姆·贾木许（Jim Jarmusch）也是一位创新者，他说：

> 没什么是原创的。我们会从任何地方偷窃创意……旧电影、新电影、音乐、书籍、绘画、照片、诗歌、桥梁、路牌、树木、云、水体、光线和阴影……而且不要为隐瞒你的偷窃行为而烦恼，如果你喜欢你偷窃到的这一创意，那就去庆祝。无论怎样，请铭记让·吕克·戈达尔（Jean-Luc Godard）说的话："重要的不是你从哪里盗窃了东西，而是你要把这些东西带到哪里去。"

然而，这种诚实和谦虚都是极为罕见的。哈罗德·布鲁姆（Harold Bloom）凭借《影响力的焦虑》（*The Anxiety of Influence*）一书成为世界上最著名的文学评论家，他在书中说：过去的成就既是好事，也是诅咒：它有很多东西可以让你去偷，但如果你偷窃得太多，那你就成了一个搬运工，而不是艺术家。大多数艺术家为了避免成为搬运工，会从多个来源偷窃创意，就像贾木许建议的那样。例如，被称为神童的莫扎特在整个欧洲表演的过程中，学习了各种各样的音乐风格。迈斯利韦克只是莫扎特模仿的众多作曲家和音乐家之一。

教育

一个多世纪前，约翰·杜威（John Dewey）开创了创新型教育。他引领教育实现了从传统到进步的转变，特别是在美国，从幼儿园到研究生院的教育都发生了巨大的变化。老师不会给学生讲授理论和事实，而是会指导他们进行自我发现。这一主题还有很多不同的案例。哈佛案例法或许是最著名的例子。

遗憾的是，杜威在其职业生涯后期基本放弃了这些方法。他在1916 年出版的《民主与教育》一书中倡议发起了进步教育运动，然而又在 1938 年出版的《经验与教育》一书中批评了这一运动。但为时已晚。这个运动已经在美国各个学校普及，直到今天仍有大批教师渴望将杜威的方法付诸实践。

杜威在《经验与教育》中的评论很简单。他打算把他的方法用于幼儿园和早期的学习，对于那个阶段的孩子们，你不得不遵循他们的兴趣"逐步"向他们介绍新材料。这是吸引他们注意力的唯一方法。在每一个更高的年级里，要逐渐引入更多传统形式的教学，必须涵盖孩子们需要学习的全部"基本材料"。

这些基本材料从何而来？杜威的回答是："过去所取得的成就是理解现在情况的唯一方法。"

这与哈佛案例教学法的第一个指导，即 1931 年的《案例教学法》形成了鲜明对比：

> 教育……处理的是即将到来的新的人类经验，而不是已经逝去的旧的经验……人类经验的积累必然来自曾经所获得的事物，而不是新创造的事物。如果我们教人们处理新的经验，我们教他们思考……在任何情况下，老师所能做的就是开发。首先是对极其复杂的现代商业问题的鉴别，其次是拯救决定性解决方案带来的绝望，最后通过认真思考开发出解决窘境的方案。但最终，常识还是来源于行动。

现在我们可以理解为什么哈佛大学的案例警告读者不要将案例作为“史上先例”了。对于先进教育而言，过去不是通向未来的向导。这就是为什么杜威最终背叛了自己的追随者。

谈及科学的创新型教育，必须提到托马斯·库恩。在结束了对科学的创造性飞跃的研究之后，库恩在《科学革命的结构》一书中提出了关于培养未来科学家的建议。这是巧合吗？库恩小时候被送到了一所实验学校，他上二年级的时候，他的父母惊讶地发现学校从来没有教过他读书。读书的事都是学生自己来做的。

库恩批评传统的科学教育只教成功的实验结果——例如，镭原子如何衰变——再加上设计实验验证假设的实验方法。这就遗漏了最重要的部分：玛丽和皮埃尔·居里是如何提出他们的假说“镭原子衰变”的。库恩希望致力于科学领域的学生能够仔细研究“史上先例”，从而实现创造性的飞跃。对于他们来说，这是学习如何实现飞跃的最好方法。

所有领域都是如此，不仅仅是科学领域。这就需要我们进行完整的循环。如果你的领域是创新，你就会通过研究史上先例，也就是过去创新者获得创意的具体细节，来学习如何做到这一点。只有这样，我们才能获得创造性战略。

北京阅想时代文化发展有限责任公司为中国人民大学出版社有限公司下属的商业新知事业部，致力于经管类优秀出版物（外版书为主）的策划及出版，主要涉及经济管理、金融、投资理财、心理学、成功励志、生活等出版领域，下设“阅想·商业”“阅想·财富”“阅想·新知”“阅想·心理”“阅想·生活”以及“阅想·人文”等多条产品线，致力于为国内商业人士提供涵盖先进、前沿的管理理念和思想的专业类图书和趋势类图书，同时也为满足商业人士的内心诉求，打造一系列提倡心理和生活健康的心理学图书和生活管理类图书。

《〈创新者的窘境〉解读版》

- 企业要想逃离创新者的窘境，在破坏性创新的浪潮中生存下去，就必须像新兴企业那样思考和行动，容忍并推进某种形式的替代，进行创新性的自我破坏。
- 作者从介绍侵蚀效应、领先策略和能力差距等经济学理论出发，运用游戏理论和数据分析等，指导读者逃离“创新者的窘境”。

《思维病：跳出思考陷阱的七个良方》

- 美国知名思维教练经全球数十万人验证有效的、根除思维病的七个对策。
- 拆解一切思维问题，让你拥有“非同凡想”的思考力，成为问题解决高手。

《商业模式设计新生代：如何设计一门好生意》

- 商业模式经典之作、全球畅销书《商业模式新生代》全新升级版，原班团队倾力打造。
- 全球 50 位精英创业家、战略设计师和思想领袖告诉你如何才能设计出一门持续赚钱的好生意。

《商业模式创新设计大全：90% 的成功企业都在用的 55 种商业模式》

- 所有成功的商业模式无非都是这 55 种商业模式的自由组合与嬗变。
- 以新的角度和思维方式揭示商业模式的真正本质，指导你敢于打破一切常规，为创造新的商业模式创造灵感并学会找到商业模式的新方法。

《机遇变现：发现下一波商业创新模式》

- 本书以清晰的逻辑、可视化工具、丰富的案例研究，打造了一个务实的、强大有效的创新战略蓝图。
- 其中的五大步骤可以引导企业一步步突破创新瓶颈，设计出可最小化风险并能快速验证的全新增长战略，让企业少走弯路，成功地找到下一个增长点，开创新的事业。